Busuyi Joshua Fadare
Ehis Okonofua

Efeito das alterações climáticas nas águas subterrâneas

Busuyi Joshua Fadare
Ehis Okonofua

Efeito das alterações climáticas nas águas subterrâneas

Um estudo de caso que examina as consequências das alterações climáticas na quantidade de água subterrânea, na cidade de Benin, Nigéria

ScienciaScripts

Imprint
Any brand names and product names mentioned in this book are subject to trademark, brand or patent protection and are trademarks or registered trademarks of their respective holders. The use of brand names, product names, common names, trade names, product descriptions etc. even without a particular marking in this work is in no way to be construed to mean that such names may be regarded as unrestricted in respect of trademark and brand protection legislation and could thus be used by anyone.

Cover image: www.ingimage.com

This book is a translation from the original published under ISBN 978-620-8-06497-6.

Publisher:
Sciencia Scripts
is a trademark of
Dodo Books Indian Ocean Ltd. and OmniScriptum S.R.L publishing group

120 High Road, East Finchley, London, N2 9ED, United Kingdom
Str. Armeneasca 28/1, office 1, Chisinau MD-2012, Republic of Moldova, Europe
Printed at: see last page
ISBN: 978-620-8-14954-3

DEDICAÇÃO

Este trabalho é dedicado a Deus todo-poderoso e em memória amorosa da minha mãe (a falecida Sra. D.A. FADARE).

RECONHECIMENTO

O sucesso deste trabalho não estará completo sem mencionar o nome daqueles que foram de grande ajuda para a prossecução desta carreira.

Em primeiro lugar, a minha gratidão a Deus todo-poderoso por me ter dado a força necessária para realizar este projeto e pela sabedoria e competência para o iniciar e terminar.

A minha sincera gratidão ao meu supervisor, Engr. Dr. E. S. Okonofua, pela sua assistência, apoio, contributos, correção, aconselhamento e conselhos que levaram à conclusão bem sucedida deste projeto. Ele foi fundamental para o desenvolvimento das minhas capacidades através das suas sugestões e apresentações. Que Deus Todo-Poderoso continue a abençoar-vos e à vossa família.

Além disso, o meu apreço vai para o pessoal académico e não académico do Departamento de Geomática pelo seu amor e paixão para com os estudantes, especialmente o Decano da Faculdade de Ciências do Ambiente, Engr. Prof. R.I. pela sua extraordinária dedicação ao progresso do departamento e também ao Chefe do Departamento, na pessoa do Surv. Oladosu O.S., que me tem ajudado muito pelo seu apoio moral e psicológico. Gostaria também de agradecer a todos os meus colegas de curso que têm sido uma fonte de motivação ao longo de todos estes anos.

Estou grato ao meu pai, o Sr. Adejumo Fadare, pelo seu amor e apoio ao longo destes anos da minha carreira académica. Peço a Deus que, na sua misericórdia, o abençoe financeiramente e durante muitos anos. Quero expressar o meu apreço por ele através deste projeto, pela sua clareza, instrução e orientação. Vale a pena imitar a sua disposição.

RESUMO

Este estudo foi efectuado para examinar o **efeito das alterações climáticas nos recursos hídricos subterrâneos da cidade de Benin.** Os objectivos eram adquirir e analisar parâmetros climáticos, representar os dados climáticos históricos e futuros num mapa, bem como adquirir e analisar dados históricos de furos de sondagem para detetar os níveis de água subterrânea.

A metodologia envolve a aquisição de dados de imagens sentinela 2 para gerar a ocupação do solo da área, juntamente com dados hidrológicos do SRTM (DEM), dados de precipitação e temperatura (históricos e futuros), dados do solo com o mapa de limites da localização administrativa da área de estudo que serve como área de interesse ou extensão para a qual todas as operações de processamento de dados são limitadas, juntamente com a aquisição de dados de furos de sondagem (1990 e 2020).

O resultado do estudo foi utilizado para criar um mapa do lençol freático da cidade de Benin, analisando e interpolando alguns parâmetros climáticos como a precipitação e a temperatura, mapeando os dados do solo da área de estudo, que também foi uma caraterística fundamental sobre a forma como a água da chuva se infiltra no solo e recarrega o aquífero, mapeando o uso do solo da área de estudo que mostra a expansão urbana e a demanda de água numa área específica, e também a análise de dados de furos de 1990 a 2020, que mostra que o lençol freático aumentou de 136,80m (profundo) para 81,10m (alto). Através de uma análise abrangente da investigação científica e de estudos de caso, o estudo elucida os efeitos de longo alcance das alterações climáticas nas águas subterrâneas e sublinha a urgência de adotar estratégias adaptativas para mitigar o esgotamento das águas subterrâneas. A exploração de práticas sustentáveis, a gestão eficiente da água e a colaboração intersectorial fornecem informações valiosas para enfrentar os desafios colocados pelas variações das águas subterrâneas induzidas pelo clima.

Índice

ACRÓNIMOS

GIS – Geographical Information System

WHO – World Health Organization?

IPCC – Intergovernmental Panel on Climate Change

WMO – World Meteorological Organization

USGS – United States Geological Survey

VNIR – Visible and Near Infrared

SWIR – Shortwave Infrared

UTM – Universal Transverse Mercator

WGS – World Geodetic System

SRTM – Shuttle Radar Topography Mission

DEM – Digital Elevation Model

CRU – Climate Research Unit

FAO – Food and Agricultural Organization

MODIS - Moderate Resolution Imaging Spectroradiometer

IDW - Inverse Distance Weighting

LGA – Local Government Area

LULC – Land use Landcover

WGS – World Geodetic System

ESRI – Environmental System Research Institute

NASA – National Aeronautics and Space Administration

CAPÍTULO 1

1.0 INTRODUÇÃO

1.1 Antecedentes do estudo

A água é indispensável para a vida, mas a sua disponibilidade em qualidade e quantidade sustentáveis está ameaçada por muitos factores, entre os quais o clima desempenha um papel principal (IPCC, 1995). A água subterrânea é a principal fonte de água potável em África e tem um papel em rápida expansão na irrigação para combater a crescente insegurança alimentar. Este módulo lida com o impacto das mudanças climáticas nos recursos hídricos subterrâneos, é importante relembrar a extensão global das mudanças climáticas e considerar os impactos na escala do ciclo hidrológico global. Da população africana de 1 bilião de habitantes, cerca de 60% vive em áreas rurais. Cerca de 80% dependem do abastecimento comunitário ou doméstico de água subterrânea para as necessidades domésticas e outras necessidades de água (OMS, 1996).

Atualmente, existem mais de 300 milhões de pessoas em África sem acesso a água potável, muitas das quais estão entre as mais pobres e vulneráveis do mundo (MacDonald, *et al.,* 2012). A variabilidade e as alterações climáticas influenciam os sistemas de águas subterrâneas tanto diretamente através do reabastecimento por recarga como indiretamente através de alterações na utilização das águas subterrâneas. Estes impactos podem ser modificados pela atividade humana, como a alteração do uso do solo (Taylor, 2013).

A mudança climática é "um estado alterado do clima que pode ser identificado pela mudança na média e/ou variabilidade das suas propriedades e que persiste por um período alargado, normalmente décadas ou mais". Pode dever-se a "processos internos naturais ou forçamentos externos, ou a alterações antropogénicas persistentes na composição da atmosfera ou na utilização dos solos" (IPCC, 2007).

As águas subterrâneas são consideradas fundamentais para melhorar os desafios da segurança da água numa era em que a procura de águas subterrâneas como fonte de abastecimento de água está a intensificar-se. Os factores climáticos, incluindo a precipitação e a temperatura, afectam o ciclo hidrológico, que por sua vez afecta a qualidade das águas subterrâneas (Abbas *et al.*, 2016). Os fenómenos climáticos extremos podem exacerbar vários tipos de poluição da água por sedimentos, nutrientes e sais, o que constitui uma ameaça premente para a qualidade da água, sobretudo nas zonas urbanas (McGill *et al.*, 2019; Miller e Hutchins, 2017; Olivier e Xu, 2019).

Embora as áreas urbanas apresentem um risco elevado de contaminação das águas subterrâneas, a avaliação do impacto das alterações climáticas na qualidade das águas subterrâneas é um desafio técnico difícil (Kumar, 2012a; Ugwu, 2019). O principal problema é a fraca compreensão de como as águas subterrâneas e os processos hidrológicos interagem em diferentes escalas espaciais e temporais (Salvadore et al., 2015). A modelação com um sistema de informação geográfica (SIG) é crucial para a proteção e gestão dos recursos hídricos subterrâneos, pois identifica zonas vulneráveis a diferentes escalas espaciais (Khatami e Khazaei, 2014).

Em geral, os estudos demonstram como as ferramentas de modelação baseadas em SIG podem ser utilizadas para investigar os efeitos da variabilidade climática nas bacias relacionadas com as águas subterrâneas e para representar espacialmente as alterações climáticas utilizando dados de deteção remota.

1.2 Declaração do problema

Nas últimas décadas, tem sido efectuada uma vasta gama de investigação científica para compreender melhor a forma como os recursos hídricos podem responder às alterações globais. No entanto, a investigação tem-se centrado predominantemente nos sistemas de águas superficiais, devido à sua visibilidade, acessibilidade e reconhecimento mais óbvio de que as águas superficiais são afectadas pelas alterações globais.

Existem muitos problemas ou doenças associados à água devido à contaminação das águas subterrâneas incentivada por alguns factores das alterações climáticas, como a precipitação, a temperatura, etc. Só recentemente os gestores de recursos hídricos e os políticos reconheceram o importante papel desempenhado pelos recursos hídricos subterrâneos na satisfação da procura de água potável, nas actividades agrícolas e industriais e na manutenção dos ecossistemas, bem como na adaptação e mitigação dos impactos das alterações climáticas e das actividades humanas associadas.

Prevê-se que estas alterações no clima global afectem o ciclo hidrológico, alterando os níveis das águas superficiais e a recarga dos aquíferos, com vários outros impactos associados nos ecossistemas naturais e nas actividades humanas. Embora os impactos mais visíveis das alterações climáticas possam ser as mudanças nos níveis e na qualidade das águas superficiais, há efeitos potenciais na quantidade e na qualidade das águas subterrâneas nesta investigação, o que, na minha opinião, acabará por poupar muito tempo, especialmente quando as pessoas não tiverem de gastar dinheiro na realização de práticas agrícolas.

1.3 Finalidade e objectivos do estudo

1.3.1 Objetivo

O objetivo deste estudo é examinar o efeito das alterações climáticas nos recursos hídricos subterrâneos da cidade de Benin.

1.3.2 Objectivos

a) Recolha e análise de dados climáticos (precipitação, Sentinel-2, solo e temperatura) utilizando técnicas de deteção remota

b) Construção de parâmetros climáticos previstos para o futuro

c) Verificar o efeito da quantidade de água subterrânea e criar um mapa do lençol freático para um período compreendido entre 1990-2010 e 2011-2020.

1.4 Âmbito do estudo

O âmbito do estudo inclui a investigação do impacto do clima nas águas subterrâneas da cidade de Benin, utilizando técnicas de deteção remota e de cartografia SIG.

O projeto centrar-se-á nos seguintes aspectos:

i. Identificar os dados geológicos (dados sobre o solo) e cartografar a zona de estudo

ii. Analisar os dados climáticos recolhidos (pluviosidade, temperatura, vento) e elaborar um mapa de

a área de estudo

iii. Fornecer recomendações para melhorar a quantidade de água subterrânea nas zonas afectadas pela escassez de água.

O estudo não envolverá quaisquer modificações físicas ou alteração de furos na área. Além disso, o estudo abordará os efeitos das alterações climáticas, das catástrofes naturais ou das actividades humanas nas águas subterrâneas. O âmbito do estudo está associado à geologia de superfície e subsuperfície da área de estudo, e as recomendações fornecidas serão baseadas na análise dos dados recolhidos (dados de deteção remota) e nos mapas produzidos.

1.5 Importância do estudo

A importância do estudo dos recursos hídricos subterrâneos na cidade de Benin, na Nigéria, é imensa devido a vários factores que afectam a disponibilidade e a sustentabilidade da água na região. Compreender e gerir os recursos hídricos subterrâneos na cidade de Benin é crucial pelas seguintes razões

1. Segurança da água: A cidade de Benin depende fortemente das águas subterrâneas como fonte primária de água potável para a sua crescente população. Com a rápida urbanização e o crescimento populacional, a demanda de água está aumentando, tornando vital avaliar a quantidade e a qualidade das águas subterrâneas para garantir um abastecimento de água sustentável e confiável (Ogbeifun *et al.,* 2019).

2. Variabilidade climática: A cidade de Benin, tal como muitas regiões, regista variabilidade climática e secas ocasionais. Durante as estações secas ou períodos de baixa pluviosidade, as fontes de água de superfície podem tornar-se escassas ou pouco fiáveis. Os recursos hídricos subterrâneos podem atuar como um amortecedor durante esses períodos, proporcionando um abastecimento de água mais consistente, especialmente para as necessidades domésticas e agrícolas (Ogbeifun *et al.,* 2019).

3. Contaminação das águas de superfície: As massas de água superficiais em áreas urbanas, como rios e riachos, são frequentemente susceptíveis à poluição de várias fontes, incluindo actividades industriais, esgotos e escoamento agrícola. A água subterrânea, sendo naturalmente filtrada à medida que se move através do solo, pode oferecer uma alternativa mais limpa e menos contaminada. O estudo dos recursos hídricos subterrâneos ajuda a identificar áreas onde a contaminação das águas superficiais pode representar riscos e fornece uma fonte alternativa de abastecimento de água (Ogbeifun *et al.,* 2019).

4. Subsidência da terra: A exploração excessiva das águas subterrâneas pode levar à subsidência do terreno, um fenómeno em que a superfície do terreno afunda devido ao esgotamento do armazenamento de água subterrânea. A cidade de Benin, com sua alta dependência de águas subterrâneas, precisa avaliar e gerenciar as taxas de extração de águas subterrâneas para evitar a subsidência do solo, que pode danificar a infraestrutura, causar instabilidade estrutural e afetar o desenvolvimento urbano geral da cidade (Ogbeifun *et al.,* 2019).

5. Desenvolvimento sustentável: Os recursos hídricos subterrâneos desempenham um papel crítico no apoio a várias actividades económicas, como a agricultura e a indústria, que são os principais motores do desenvolvimento da região. As práticas de gestão sustentável das águas subterrâneas garantem a disponibilidade a longo prazo dos recursos hídricos, apoiando o crescimento económico, os meios de subsistência e o desenvolvimento sustentável global na cidade de Benin (Ogbeifun *et al.,* 2019).

Para compreender a importância dos recursos hídricos subterrâneos na cidade de Benin, são necessários estudos abrangentes, incluindo investigações hidrogeológicas, monitorização dos níveis e da qualidade das águas subterrâneas, avaliação das taxas de recarga e modelação dos sistemas aquíferos. Estes estudos fornecem informações valiosas aos decisores políticos, planeadores urbanos e gestores de recursos hídricos para que possam tomar decisões informadas e implementar estratégias sustentáveis para a gestão das águas subterrâneas.

Em conclusão, através do estudo e da gestão eficaz dos recursos hídricos subterrâneos na cidade de Benin, é possível garantir a segurança da água, mitigar os impactos da variabilidade climática, proteger contra a contaminação das águas superficiais, prevenir a subsidência do solo e promover o desenvolvimento sustentável. Estes esforços são cruciais para o bem-estar e a prosperidade dos residentes da cidade e para a sustentabilidade a longo prazo dos recursos hídricos na região.

CAPÍTULO 2

2.0 REVISÃO DA LITERATURA

2.1 Clima

O clima é o tempo médio durante um longo período de tempo numa região específica. Uma descrição de um clima contém pormenores como a temperatura típica em cada estação, a quantidade de precipitação e a quantidade de luz solar. Além disso, a (probabilidade de) extremos é frequentemente descrita. Qualquer alteração prolongada e sistemática nas estatísticas a longo prazo das variáveis climáticas, como a temperatura, a precipitação, a pressão ou o vento, durante décadas ou mais, é designada por alterações climáticas. As alterações climáticas podem ser provocadas por forças externas naturais (como variações na radiação solar ou variações na órbita da Terra) ou pela atividade humana. De acordo com a Organização Meteorológica Mundial (OMM), o período clássico utilizado para descrever um clima é de 30 anos (Allen *et al.*,2008).

2.1.1 Causas das alterações climáticas

a. Aquecimento global

O período de 2011 a 2020 foi o mais quente de que há registo, com a temperatura média global em 2019 a aumentar 1,1°C em relação aos valores pré-industriais. Atualmente, o aquecimento global causado pelo homem está a acelerar a um ritmo de 0,2°C por cada dez anos. O ambiente natural, a saúde humana e o bem-estar são afectados negativamente por um aumento da temperatura de 2°C em relação aos níveis pré-industriais. Há também uma probabilidade significativamente maior de alterações graves e potencialmente catastróficas no ambiente global. Por este motivo, a comunidade mundial reconheceu a necessidade de limitar o aquecimento global a 1,5°C e de o manter muito abaixo dos 2°C (Comissão Europeia, 2023).

b. Gases com efeito de estufa

O efeito de estufa é a principal causa das alterações climáticas. Alguns gases presentes na atmosfera terrestre imitam o efeito de estufa, retendo o calor solar e impedindo-o de se escapar para o espaço, o que, de outro modo, contribuiria para o aquecimento global. Embora muitos destes gases com efeito de estufa sejam produzidos naturalmente, a atividade humana está a aumentar os níveis de alguns deles na atmosfera, nomeadamente: Metano, óxido nitroso, dióxido de carbono (CO2) e gases fluorados. A principal fonte de CO2 criada pela atividade humana é o aquecimento global. Em 2020, a sua concentração atmosférica tinha aumentado para um nível 48% superior aos níveis pré-industriais (antes de 1750). Outras quantidades menores de gases com efeito de estufa são também libertadas pela atividade humana. Apesar de ter uma meia-vida mais curta do que o CO2, o metano é um gás com efeito de estufa mais potente. O óxido nitroso, tal como o CO2, é um gás com efeito de estufa de longa duração que se acumula na atmosfera ao longo de muitos anos ou milénios. Os aerossóis, como a fuligem, que não são gases poluentes com efeito de estufa, têm vários impactos no aquecimento e no arrefecimento, para além de estarem associados a outros problemas, como a má qualidade do ar. Entre 1890 e 2010, pensa-se que os factores naturais, como as variações da radiação solar ou a atividade vulcânica, contribuíram com menos de 0,1°C para o aquecimento global (Comissão Europeia, 2023). A Figura 2.1 apresenta uma imagem dos gases com efeito de estufa.

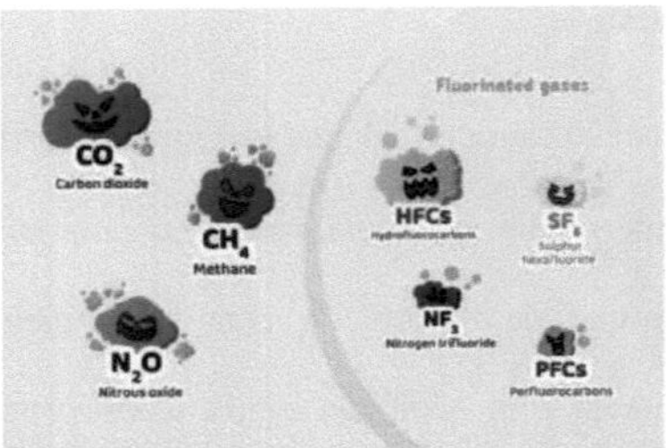

Figura 2.1: Componentes dos gases com efeito de estufa (fonte: Comissão Europeia, 2023).

c. Causas do aumento das emissões

O dióxido de carbono e o óxido nitroso são os subprodutos da combustão do carvão, do petróleo e do gás. Destruição de florestas (desflorestação). Ao absorverem o CO2 da atmosfera, as árvores ajudam a controlar o clima. Este impacto vantajoso perde-se quando as árvores são cortadas, e o carbono que armazenaram é libertado para a atmosfera, aumentando o efeito de estufa. Aumento da produção pecuária. Quando as vacas e as ovelhas digerem as suas refeições, libertam uma grande quantidade de metano. As emissões de óxido nitroso são produzidas pelos fertilizantes que contêm azoto. Os equipamentos e bens que utilizam estes gases libertam gases fluorados. Estas emissões têm um impacto no aquecimento até 23 000 vezes superior ao do CO2 na atmosfera (Comissão Europeia, 2023). A Figura 2.2 apresenta uma imagem das alterações climáticas devidas ao aumento das emissões.

Figura 2.2: Alterações climáticas devidas ao aumento das emissões. (fonte: Comissão Europeia, 2023).

2.2 Águas subterrâneas

A água é essencial para a vida, mas diversas variáveis, como o clima, colocam uma pressão sobre a sua capacidade de estar disponível em quantidade e qualidade suficientes. As alterações climáticas são definidas pelo Painel Intergovernamental sobre as Alterações Climáticas (IPCC) como "uma variação estatisticamente significativa do estado médio do clima ou da sua variabilidade que se prolonga por décadas ou mais (Martinez, G *et al.*,2011)". O clima é definido como "o tempo médio em termos da média e da sua variabilidade durante um determinado período e numa determinada área". Com o aumento da concentração atmosférica de gases com efeito de estufa, aumentam as provas de que estamos a viver uma era de alterações climáticas. Desde a década de 1950, as concentrações atmosféricas de CO2 têm vindo a aumentar de forma constante. Se esta tendência se mantiver, poderá ter efeitos enormes nos ambientes locais e globais (Richardson *et al.,* 2008).

Como forma de abordar o problema do abastecimento de água, Ayoade (1988) sugeriu que os recursos hídricos subterrâneos, onde existem, deveriam ser explorados de forma mais extensiva ou intensiva para amortecer os efeitos da escassez de água. Isto porque as águas subterrâneas, ao contrário das águas pluviais e superficiais, são mais fiáveis e mais seguras em termos de poluição. Na sua opinião, a solução provável para o problema do abastecimento de água residiria no facto de as pessoas contribuírem mais em dinheiro e em géneros para melhorar o seu abastecimento de água. O facto de as pessoas contribuírem mais em dinheiro significa que têm de pagar mais para terem um abastecimento regular de água e o facto de contribuírem em géneros significa que as pessoas têm de encontrar uma forma de obter um abastecimento regular de água. O apelo à participação privada no abastecimento de água tornou-se intenso nos últimos anos. Em 2000, o Governo Federal da Nigéria formulou a Política Nacional de Abastecimento de Água e Saneamento. A política baseava-se na estratégia de gestão integrada dos recursos hídricos. O objetivo central da política é o fornecimento de água potável suficiente e saneamento adequado a todos os nigerianos, de forma acessível e sustentável, através da participação pública (Ministério Federal dos Recursos Hídricos, 2000).

Um trabalho anterior sobre a participação privada no abastecimento urbano de água na cidade de Benin revelou que os furos privados dominam o abastecimento de água na metrópole de Benin (Agheyisi, 2007). Aderogba (2005) registou resultados semelhantes no Estado de Ogun. No entanto, a variação espacial da profundidade dos furos, mesmo em pequenas áreas, e a forma como esta afecta a perfuração dos furos não foi investigada.

Embora as alterações nos níveis e na qualidade das águas superficiais possam ser os efeitos mais óbvios das alterações climáticas, os gestores da água e o governo estão mais preocupados com o potencial declínio e a qualidade das reservas de água subterrânea, porque esta é a principal fonte de água potável para a irrigação de culturas e o consumo humano a nível mundial (MacDonald, 2019).

Uma visão geral da hidráulica da descarga das águas subterrâneas ao longo da costa sugere uma ligação entre a subida do nível do mar e as alterações no balanço hídrico. Ao aproximar-se do oceano, a água doce subterrânea eleva-se acima da água mais espessa e salgada do aquífero, como se mostra na (figura 2.3).

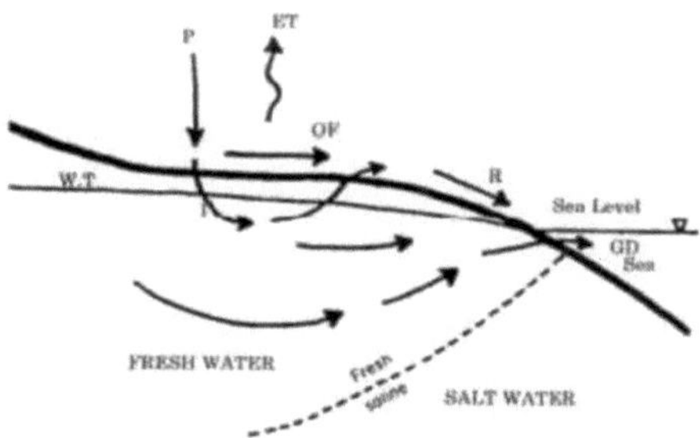

Figura 2.3: correlação entre água doce e água salgada (fonte: Taylor, 1997).

A descarga das águas subterrâneas concentra-se então numa pequena área que confina com a zona intertidal. A taxa de descarga é exatamente proporcional à largura da zona de descarga da água subterrânea, medida perpendicularmente à costa. A diferença de densidade entre a água doce e a água salgada, a taxa de descarga de água doce e as caraterísticas hidráulicas do aquífero afectam a forma do nível freático e a profundidade da interface água doce/salgada. A altura do lençol freático é gerida pelo nível médio do mar através do equilíbrio hidrostático na costa (Taylor, 1997).

2.2.1 O movimento subterrâneo da água

Um dos recursos mais importantes da humanidade é a água subterrânea, embora a maioria das pessoas nunca a veja. A água está praticamente sempre presente debaixo dos pés de uma pessoa, onde quer que ela vá na Terra. As águas subterrâneas são criadas a partir da precipitação e, à semelhança das águas superficiais, continuam a percorrer o solo a ritmos diferentes. No final, as águas subterrâneas sobem à superfície e voltam a entrar no ciclo mundial da água (Nikhil, 2022).

Na nossa vida quotidiana, a água pode assumir várias formas, incluindo lagos, rios, gelo, neve e chuva. Existem também quantidades colossais de água invisível, como as águas subterrâneas. Uma vez que se trata de águas subterrâneas, a água que se move continuamente sob os pés das pessoas não pode ser vista. Ao aumentar o caudal de vários rios e outros cursos de água, as águas subterrâneas contribuem significativamente para o ciclo da água (Nikhil, 2022).

Para além das suas aplicações actuais em ambientes domésticos e agrícolas, as águas subterrâneas são utilizadas pelas pessoas há milhares de anos. A vida na Terra depende tanto das águas superficiais como das águas subterrâneas (Nikhil, 2022).

A maior parte da água subterrânea encontra-se nas fissuras e fendas das rochas e outros materiais subterrâneos, enquanto alguma água subterrânea pode ser encontrada em cavidades, túneis de lava e gelo e nascentes horizontais. A água subterrânea actua frequentemente como a água de uma esponja. Reside nos espaços entre as rochas e as partículas do solo. Os seres humanos podem aceder e utilizar os aquíferos, que são reservatórios subterrâneos de água que se formam quando a água preenche os espaços entre as partículas de solo e de rocha a uma determinada profundidade abaixo da superfície da terra (Nikhil, 2022).

Quando a precipitação se infiltra na terra, é criada a água subterrânea. Embora a água subterrânea esteja constantemente a fluir, flui mais lentamente do que a água da corrente devido aos caminhos intrincados que tem de percorrer através das fendas na rocha. A água pode mover-se tanto vertical como horizontalmente quando atinge o ponto de saturação do solo. A água subterrânea inverte frequentemente a direção e flui lateralmente, em vez de verticalmente, quando entra em contacto com materiais mais pesados e menos permeáveis, como a rocha ou o solo, movendo-se geralmente em direção a cursos de água, ao oceano ou mais profundamente no solo (Nikhil, 2022).

a. Movimento das águas subterrâneas

O ciclo da água subterrânea, tal como o resto do ciclo da água, nunca está totalmente estacionário e num só ponto. Diferentes aquíferos e estratos rochosos limitantes têm impacto na direção e na velocidade do movimento da água subterrânea, o que é designado por fluxo de água subterrânea (Nikhil, 2022).

Existem três factores principais dos quais depende o fluxo da água subterrânea: Porosidade, Permeabilidade/ infiltração e Gravidade.

i. **Porosidade e águas subterrâneas**

A porosidade ocorre naturalmente em todos os materiais, até certo ponto. Descreve a distância entre as partículas de uma substância. No solo ou na rocha, a área de vácuo entre os grãos minerais é conhecida como porosidade. Os sedimentos, que são substâncias sólidas criadas pelos processos de erosão e meteorização, encontram-se no solo. Cascalho, arenitos, restos de plantas ou animais, etc. são exemplos de sedimentos. O cascalho é definido por grãos grandes, formados de forma atípica, que não se ligam e deixam muito espaço vazio entre si. Por outro lado, uma mistura de cascalho, areia e argila tem uma porosidade significativamente reduzida porque os grãos mais pequenos preenchem os espaços vazios. A capacidade de um material reter água está inversamente relacionada com a sua porosidade, porque a água tenta preencher os espaços. Quanto mais poroso for o sedimento, mais água será capaz de absorver e reter, podendo mover-se para o solo (Nikhil, 2022).

ii. **Infiltração e águas subterrâneas**

A capacidade do solo para absorver água é medida pela sua porosidade. No entanto, esta propriedade não revela a rapidez com que isso é possível. A rapidez com que a água pode viajar através do solo é designada por permeabilidade. O grau de conetividade dos poros serve de indicador da permeabilidade. Numa substância com elevada permeabilidade, a água pode fluir livremente entre os poros, ao passo que ficará presa num material com baixa permeabilidade. Uma esponja é um exemplo extremamente permeável, uma vez que absorve água rapidamente. Uma rocha, por outro lado, não é permeável, uma vez que não absorve facilmente a água (Nikhil, 2022).

iii. **Gravidade e águas subterrâneas**

As maiores profundidades de água subterrânea estão sob pressão intensa (referida como "confinada" na terminologia de água subterrânea) e estão enterradas sob muitos tipos distintos de camadas de sedimentos. O sedimento é comprimido pelas marés terrestres, que também alteram a pressão da água nos poros. A água subterrânea é espremida para baixo como resultado de uma mudança de tensão provocada pelas marés atmosféricas, que aumentam o peso que já está a repousar sobre ela. Estas mudanças de tensão podem ser vistas como variações mínimas do nível da água dentro de um furo de água subterrânea, que são a forma como a água subterrânea a essa profundidade reage a elas (Nikhil, 2022).

2.3 Precipitação

A precipitação desempenha um papel crucial no ciclo hidrológico do planeta e tem uma grande influência em muitos domínios do ambiente e da existência humana. A literatura sobre a precipitação aborda uma variedade de temas, incluindo a medição, a previsão, a variabilidade e as implicações para o abastecimento de água, a agricultura e os ecossistemas (Michael Ritter, 2019).

A medição da precipitação é uma das suas componentes mais importantes. A ferramenta mais popular para medir a precipitação é um pluviómetro, que tem sido utilizado há séculos. No entanto, diversas variáveis, incluindo o vento, a evaporação e as falhas do equipamento, podem afetar a precisão e a fiabilidade das observações da precipitação. Os sistemas de radar e de satélite são exemplos de técnicas de teledeteção que foram desenvolvidas recentemente para complementar os dados convencionais baseados no solo e oferecer uma compreensão mais completa dos padrões de precipitação em grandes áreas (Michael Ritter. 2019).

Outro domínio de estudo crucial é a previsão da precipitação. À escala local, regional e global, foram criados modelos estatísticos e numéricos para prever a precipitação. Estes modelos utilizam uma variedade de dados, incluindo variáveis atmosféricas, condições oceânicas e caraterísticas da superfície terrestre. Com o aumento da capacidade computacional e da disponibilidade de dados, foram criados modelos mais complexos capazes de prever a precipitação com maior exatidão e fiabilidade (Corfee-Morlot, 2011).

Outro tema de interesse na literatura é a variabilidade da precipitação. A precipitação pode variar no espaço e no tempo, e estas flutuações podem ter uma grande influência nos ecossistemas, na agricultura e no abastecimento de água. Prevê-se que a variabilidade da precipitação se agrave devido às alterações climáticas, resultando em secas mais frequentes e graves, inundações e outros fenómenos meteorológicos extremos. O reconhecimento das causas da variabilidade da precipitação é, por conseguinte, fundamental para o desenvolvimento de estratégias eficazes de gestão dos recursos hídricos e de adaptação às alterações climáticas (Corfee-Morlot, 2011).

Na literatura, os efeitos da precipitação no abastecimento de água, na agricultura e nos ecossistemas também têm sido amplamente estudados (Corfee-Morlot, 2011). A água doce é obtida principalmente através da precipitação, e as variações nos padrões de precipitação podem ter uma grande influência na quantidade e na qualidade do abastecimento de água. A precipitação é essencial para o desenvolvimento e a produção de culturas na agricultura, e as variações nos padrões de precipitação podem ter uma grande influência na disponibilidade de alimentos. A distribuição e o número de espécies vegetais e animais são influenciados pela precipitação, o que também é importante para o funcionamento dos ecossistemas.

Em conclusão, a literatura sobre a precipitação aborda uma variedade de assuntos, incluindo a medição, previsão, variabilidade e repercussões em numerosas facetas do ambiente e da vida humana. Os desenvolvimentos tecnológicos e a disponibilidade de dados melhoraram significativamente a nossa compreensão dos padrões de precipitação e dos seus impactos, mas há ainda muitos desafios e incertezas que têm de ser abordados para garantir a gestão sustentável dos recursos hídricos e a adaptação efectiva às alterações climáticas.

2.3.1 Impacto da precipitação na quantidade de água subterrânea

A quantidade de água subterrânea é significativamente influenciada pela precipitação. Alguma da água que cai sob a forma de chuva penetra no solo e recarrega os aquíferos subterrâneos. A quantidade de recarga é influenciada por diversas variáveis, incluindo a frequência e o volume da precipitação, o tipo de solo, a quantidade de vegetação presente e a inclinação do terreno (Ogbeifun *et al.*, 2019).

Chuvas intensas podem impedir o solo de absorver toda a água, resultando em escoamento superficial. Este facto diminui o volume de água que pode inundar áreas e recarregar as águas subterrâneas. A água pode não ser capaz de se infiltrar nos aquíferos se a precipitação for demasiado fraca ou se o solo estiver demasiado seco, o que reduziria a recarga das águas subterrâneas (Ogbeifun *et al.*, 2019).

O nível geral do lençol freático pode mudar ao longo do tempo, dependendo da quantidade de precipitação e da frequência dos eventos de chuva. Por exemplo, se houver uma seca prolongada, o nível do lençol freático pode diminuir porque os aquíferos não estão a ser reabastecidos ao mesmo ritmo que estão a ser drenados. Por outro lado, se houver um período prolongado de precipitação significativa, o lençol freático pode subir porque os aquíferos serão abastecidos mais rapidamente do que seriam esgotados (Ogbeifun *et al.*, 2019).

Em conclusão, a precipitação é um componente importante na sustentação da quantidade de água subterrânea e os seus efeitos variam consoante diversas variáveis, como o tipo de solo, o coberto vegetal e o declive do terreno.

2.4 Temperatura

A temperatura é a medida do calor ou do frio expressa em termos de uma de várias escalas, incluindo Fahrenheit e Celsius (Fetter, 2001).

Uma análise da investigação recente sobre alterações climáticas e temperatura é apresentada em:

1. Este projeto apresenta uma panorâmica dos estudos actuais sobre a forma como a

temperatura é afetada pelas alterações climáticas. Este projeto explora a relação entre o aumento da temperatura global e o aumento das concentrações de gases com efeito de estufa, bem como os efeitos destas alterações nos ecossistemas, na saúde humana e na economia (National Academies Press, 1993).

2. O efeito da temperatura na saúde humana - Esta análise analisa a forma como a temperatura afecta a saúde das pessoas. Examina como a exposição a temperaturas elevadas, incluindo o calor e o frio, pode ter um impacto grave na saúde e como os grupos de risco, como os idosos e as pessoas com doenças pré-existentes, são particularmente vulneráveis (National Academies Press, 1993).

3. Temperatura e Crescimento das Plantas - Esta análise investiga a forma como a temperatura afecta o desenvolvimento e o crescimento das plantas. Analisa a forma como a temperatura afecta a taxa de fotossíntese, respiração e outros processos vegetais e como as alterações de temperatura podem afetar o crescimento das plantas e o rendimento das colheitas (National Academies Press, 1993).

4. Os efeitos da temperatura nos ecossistemas aquáticos - Esta análise investiga o impacto da temperatura nos ecossistemas aquáticos de água doce e marinhos. Fala sobre o impacto da temperatura na distribuição e abundância de criaturas aquáticas, no ciclo de nutrientes e na química da água (National Academies Press, 1993).

5. Adaptação à temperatura e às alterações climáticas - Esta análise explora a forma como as sociedades e os ecossistemas se podem ajustar às variações de temperatura provocadas pelas alterações climáticas. Analisa métodos que incluem a utilização de tipos de agricultura tolerantes ao calor, a alteração dos hábitos de utilização dos solos e a conceção de cidades capazes de resistir ao calor (National Academies Press, 1993).

De um modo geral, estes estudos sublinham a importância da temperatura em vários domínios, como a saúde humana, os ecossistemas e a agricultura, bem como a necessidade de compreender e enfrentar os efeitos do aumento das temperaturas provocado pelas alterações climáticas.

2.4.1 Impacto da temperatura na quantidade de água subterrânea

Impacto da temperatura: Devido à sua influência no ciclo hidrológico, a temperatura pode afetar indiretamente a quantidade de água subterrânea. A radiação solar que aquece a superfície da Terra e produz evaporação, que resulta na produção de nuvens e precipitação, impulsiona o ciclo hidrológico, que é o movimento da água entre a terra, os mares e a atmosfera (Ogbeifun et al.,2017).

A temperatura pode alterar a quantidade de água disponível para infiltração no sistema de águas subterrâneas, afectando a taxa de evaporação da superfície do solo. O aumento da evaporação devido a temperaturas mais elevadas pode reduzir a quantidade de água disponível para a recarga das águas subterrâneas. As temperaturas mais baixas, por outro lado, podem abrandar a evaporação, deixando mais água disponível para a recarga das águas subterrâneas (Ogbeifun et al.,2017).

Particularmente em regiões onde as águas subterrâneas são libertadas para massas de água de superfície, como rios e lagos, a temperatura pode ter um impacto no ritmo de descarga das águas subterrâneas. As temperaturas mais elevadas, bem como as alterações na utilização do solo e na cobertura vegetal, também podem afetar as taxas de evapotranspiração e, consequentemente, os níveis das águas subterrâneas. Por exemplo, a expansão da cobertura vegetal através da reflorestação ou da recuperação de terras pode ter o impacto oposto ao que acontece quando a cobertura vegetal é reduzida pela desflorestação ou pela urbanização, o que pode aumentar as taxas de evapotranspiração e diminuir a recarga das águas subterrâneas. Por exemplo, a expansão da cobertura vegetal através da reflorestação ou da recuperação de terras pode ter o impacto oposto ao que acontece quando a cobertura vegetal é reduzida pela desflorestação ou urbanização, o que pode aumentar as taxas de evapotranspiração e diminuir a recarga das águas subterrâneas. finalmente, têm o potencial de acelerar a libertação das águas subterrâneas, o que resultaria em níveis mais baixos de água subterrânea e menor disponibilidade de água subterrânea (Ogbeifun et al.,2017).

Em circunstâncias raras, a temperatura pode também ter um efeito direto na quantidade de água subterrânea, para além destes impactos indirectos. Por exemplo, o aumento das temperaturas pode fazer com que o permafrost e os glaciares, que retêm as águas subterrâneas, derretam e libertem a água que contêm. Em contrapartida, temperaturas mais elevadas podem resultar num aumento da pressão e numa diminuição da permeabilidade em regiões onde a água subterrânea é armazenada em aquíferos profundos, o que pode reduzir as taxas de fluxo e a disponibilidade da água subterrânea (Ogbeifun et al.,2017).

De um modo geral, a associação entre a disponibilidade de água subterrânea e a temperatura é complexa e pode variar em função das condições hidrológicas específicas de uma determinada zona.

2.5 Evapotranspiração

A evapotranspiração é o resultado dos processos combinados da evaporação da água do solo e da transpiração das plantas, que é a exalação do vapor de água das folhas das plantas. Sendo uma parte crucial do ciclo hidrológico, a evapotranspiração afecta a humidade do solo, o desenvolvimento das plantas e a recarga das águas subterrâneas, factores importantes para o balanço hídrico das paisagens. As técnicas utilizadas para quantificar a evapotranspiração, as variáveis que afectam a evapotranspiração e as consequências da evapotranspiração para a gestão dos recursos hídricos serão abordadas nesta revisão da literatura sobre evapotranspiração. Uma representação diagramática da evapotranspiração é apresentada na (Figura 2.4).

A transpiração é o processo de movimento da água através de uma planta e a sua evaporação das partes aéreas, como folhas, caules e flores, enquanto a evaporação é um tipo de vaporização que ocorre na superfície de um líquido à medida que este passa para a fase gasosa.

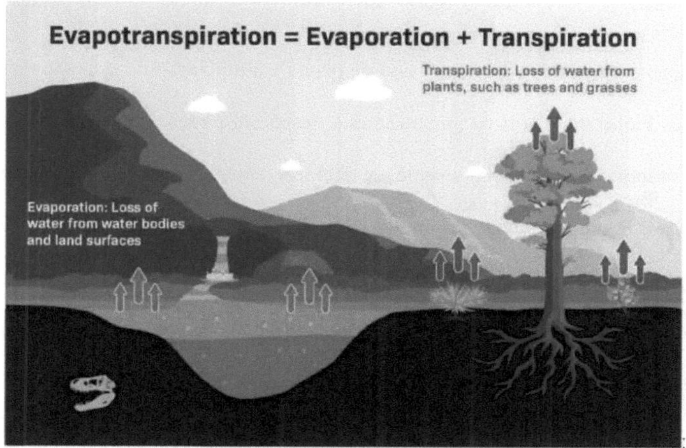

Figura 2.4: Evapotranspiração (fonte: LabXchange.org)

2.5.1 Técnicas de medição da evapotranspiração

A evapotranspiração pode ser medida através de lisímetros, sistemas de covariância de Foucault, sistemas de balanço energético de razão de Bowen e deteção remota, entre outras técnicas. Os grandes recipientes enterrados, denominados lisímetros, são utilizados para medir as entradas e saídas de água para determinar a evapotranspiração (Todd, David Keith, 2005).

A troca de calor e humidade entre a atmosfera e a superfície é medida utilizando sistemas de covariância de Foucault e sistemas de balanço energético de razão de Bowen para determinar a evapotranspiração. Ao detetar a temperatura da superfície do solo, as técnicas de deteção remota, como a imagem térmica, também podem ser utilizadas para quantificar a evapotranspiração (Todd, David Keith, 2005).

2.5.2 Factores que afectam a evapotranspiração

O clima, as propriedades do solo, o tipo de planta e a utilização do solo são alguns dos elementos bióticos e abióticos que afectam a evapotranspiração. A quantidade de água que se evapora depende diretamente de factores climáticos como a temperatura, a humidade, a velocidade do vento e a radiação solar. A quantidade de água acessível para evapotranspiração depende da textura, estrutura e capacidade de retenção de água do solo. A evapotranspiração é influenciada pelo tipo e densidade da vegetação, particularmente por plantas com raízes profundas e alto índice de área foliar (LAI) (Gower *et al.,* 1991).

O volume e o tipo de vegetação podem variar em resultado de alterações na utilização do solo, como a urbanização ou a desflorestação, o que pode ter uma grande influência nas taxas de evapotranspiração.

2.5.3 Efeitos da evapotranspiração na gestão dos recursos hídricos

O balanço hídrico das paisagens é grandemente influenciado pela evapotranspiração, que também tem consequências significativas para a gestão dos recursos hídricos. A monitorização exacta e a compreensão das taxas de evapotranspiração são cruciais para a criação de estratégias eficientes de gestão da água em áreas com recursos hídricos escassos. Os agricultores, por exemplo, podem utilizar os dados de evapotranspiração para melhorar os calendários de rega e reduzir o desperdício de água nas zonas agrícolas. As taxas de evapotranspiração podem ser utilizadas em ambientes urbanos para criar zonas verdes mais eficazes e diminuir o impacto das ilhas de calor urbanas. Além disso, as medições exactas da evapotranspiração são essenciais para antecipar e minimizar os efeitos das alterações climáticas nos recursos hídricos (Gower *et al.*, 1991).

Finalmente, deve notar-se que a evapotranspiração é um processo complicado que é vital para manter o equilíbrio hídrico das paisagens. A gestão eficaz dos recursos hídricos, especialmente em áreas com reservas de água limitadas, depende da monitorização e compreensão exactas das taxas de evapotranspiração. Para compreender melhor a evapotranspiração e criar medidas mais práticas de gestão da água, é crucial um estudo contínuo nesta área.

2.5.4 Impacto da evapotranspiração nas águas subterrâneas

Evapotranspiração é o termo utilizado para descrever o processo pelo qual a água se perde da superfície da terra para a atmosfera através da transpiração das plantas e da evaporação das superfícies terrestres e aquáticas. A quantidade de água subterrânea que está acessível numa região pode ser dramaticamente afetada por este processo. Perde-se mais água para a atmosfera quando as taxas de evapotranspiração são elevadas e há menos água disponível para permear a terra e reabastecer o aquífero subterrâneo. Isto pode resultar numa queda dos níveis de água subterrânea e numa redução da quantidade de água subterrânea utilizável (Olorunfemi *et al.*,2017).

É crucial gerir corretamente os recursos hídricos para evitar o esgotamento das reservas de água subterrânea em locais com elevadas taxas de evapotranspiração. Isto pode implicar a adoção de medidas para poupar água, a implementação de práticas de conservação da água e o aumento da eficiência dos sistemas de irrigação.

As alterações no uso do solo e na cobertura vegetal também podem afetar as taxas de evapotranspiração e, consequentemente, os níveis de água subterrânea. Por exemplo, a expansão da cobertura vegetal através da reflorestação ou restauração de terras pode ter o impacto oposto do que acontece quando a cobertura vegetal é reduzida pela desflorestação ou urbanização, o que pode aumentar as taxas de evapotranspiração e diminuir a recarga das águas subterrâneas (Olorunfemi *et al.*,2017).

2.6 Fontes e qualidade da água

A Terra é um lugar aquoso, cerca de 70 por cento da superfície da Terra é água, mas a água também existe no ar como vapor e no solo como mistura de solos e em aquíferos. A grande maioria da água à superfície da Terra é salgada (mais de 98%) nos oceanos, mas são os recursos de água doce, como a água dos ribeiros, lagos, rios e águas subterrâneas, que fornecem às pessoas a maior parte da água de que necessitam diariamente para viver (Erah *etal.,* 2003). A Figura 2.5 representa a distribuição da água na Terra.

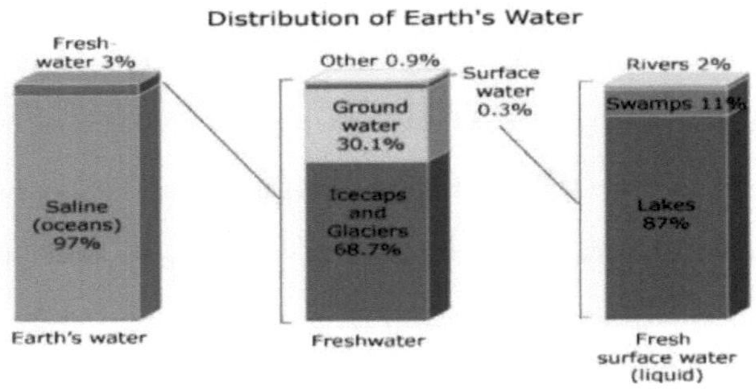

Figura 2.5: Distribuição da água na Terra (fonte: United States Geological Survey (USGS)).

Embora a água se note mais à superfície da Terra, existe muito mais água doce armazenada no subsolo do que na forma líquida à superfície. Parte da água que corre nos rios provém da infiltração de águas subterrâneas nos leitos dos rios. A água da precipitação infiltra-se continuamente no solo para recarregar os aquíferos e, ao mesmo tempo, a água dos aquíferos subterrâneos recarrega continuamente os rios. Estima-se que o volume total de água na Terra seja de cerca de 1.386 milhões de quilómetros cúbicos. Destes, apenas cerca de 3 por cento são de água doce, enquanto que destes 3 por cento, 2 por cento estão armazenados em calotas polares e glaciares, restando apenas cerca de 1 por cento como água subterrânea e de superfície. Para além da água doce acessível em lagos, rios e aquíferos, o armazenamento feito pelo homem, como reservatórios, acrescenta mais 800 quilómetros cúbicos. Os recursos hídricos são renováveis, com enormes diferenças de disponibilidade em diferentes partes do mundo e grandes variações na precipitação sazonal e anual em muitos locais. A precipitação é a principal fonte de água para todas as utilizações humanas e para o ecossistema (Erah *et al.,* 2003).

A água pode ser captada para utilização em qualquer um dos vários pontos do seu movimento através do ciclo hidrológico. Existem três fontes principais de água.

1) Água da chuva

2) Águas de superfície

i. Reservatório represado

ii. Rios e riachos

iii. Cisternas, lagoas e lagos

3) Águas subterrâneas

i. Poços rasos

ii. Poços profundos

iii. Molas

A chuva é uma condensação de vapor de água que cai sob a forma de precipitação líquida. É a principal fonte de toda a água e a mais pura. Geralmente contém impurezas que estão suspensas na atmosfera. A água da chuva é macia e pura, sem contaminação microbiológica. Apesar das suas vantagens, é difícil de recolher e armazenar e é frequentemente caracterizada por variações sazonais. A água de superfície é a água que se acumula no solo ou num curso de água. É naturalmente reabastecida pela precipitação e perde-se por evaporação. É a fonte de água para a maioria das pessoas, porque muitas vezes não está sujeita a variações sazonais. No entanto, pode ser turva durante a estação das chuvas e contaminada microbiologicamente devido a impurezas derivadas de lavagens superficiais, esgotos e águas residuais (Erah *et al.,* 2003).

A água subterrânea é a água da chuva que se infiltra no solo. É o meio mais barato e mais prático de fornecer água a pequenas comunidades, porque é provável que esteja livre de agentes patogénicos e, por isso, não requer tratamento e o abastecimento é provável que seja certo mesmo durante as estações secas. No entanto, pode ter um elevado teor de minerais e requer a utilização de uma bomba (Erah *et al.,* 2003).

2.7 Princípios e técnicas de topografia adoptados para a execução de projectos.

2.7.1 Deteção remota

Ocasionalmente, o termo "deteção remota" é erradamente utilizado para se referir exclusivamente a imagens da superfície da Terra obtidas a partir do espaço. A expressão "deteção remota" refere-se a qualquer método utilizado para recolher dados mantendo uma distância do objeto a examinar. A utilização de técnicas de deteção remota cresce significativamente à medida que a tecnologia cria novas aplicações para os sistemas de deteção remota. Em vez de examinar extensivamente as numerosas e diferentes técnicas de deteção remota atualmente em uso, o presente documento introduzirá o leitor no conceito de deteção remota. Esta tecnologia fornecerá uma base para a compreensão das ideias de deteção remota necessárias quando se trata de aplicações. A ênfase será colocada na deteção remota baseada em satélites, embora certas caraterísticas da deteção remota por fotografia convencional e da fotografia aérea usando câmaras aéreas digitais também sejam tratadas (Howard *et al.*,20)15).

Distinguem-se duas categorias de sistemas de teledeteção com base em várias abordagens técnicas. Os sistemas de *deteção remota passiva* medem a radiação já existente, como a radiação solar que se reflecte na superfície do planeta. A radiação é emitida para o objeto em estudo por dispositivos activos de teledeteção, que medem depois a quantidade de radiação reflectida (Howard *et al.*, 2015).

Uma câmara fotográfica comum é um exemplo de um dispositivo de deteção remota passivo que utiliza a luz ambiente como entrada para criar uma imagem no filme. Quando é utilizado um flash, a câmara torna-se um sistema ativo de deteção remota, uma vez que produz a radiação necessária sem ter em consideração as fontes de radiação já existentes. As tecnologias de deteção remota ativa incluem o radar, o sonar, as ecosondas e, mais recentemente, o Lidar, que emite luz laser (Howard, *et al.*,2015).

Estes são apenas alguns exemplos de sistemas passivos de teledeteção: fotografia, fotografia digital, espelhos de varrimento (MSS) e scanners de vassoura.

Os inventários de recursos estão a utilizar cada vez mais a deteção remota por radar. É especialmente útil em áreas onde há frequentemente uma cobertura substancial, uma vez que os sinais de radar podem viajar através das nuvens e, em certa medida, das plantas. As imagens de radar, por exemplo, foram utilizadas para estudar o terreno e os solos do Amazonas. O Lidar é um método cada vez mais utilizado para criar modelos digitais de elevação e mapas topográficos de alta resolução (Howard, *et al.*,20)15).

2.7.2 Sistemas de Informação Geográfica (SIG)

Sistema de informação geoespacial Um sistema informático denominado SIG é utilizado para recolher, armazenar, verificar e apresentar informações sobre locais na superfície da Terra. Trata-se de um sistema informático que é utilizado para recolher, armazenar, processar e apresentar dados geográficos (Ditter, *et al.*, 2012).

Descobrir informações sobre a superfície da Terra é o que a deteção remota implica, olhando para as informações que uma máquina longe da superfície da Terra recolheu. As fotografias de deteção remota são captadas por câmaras especializadas e são utilizadas pelos cientistas para "sentir" a Terra.

A deteção remota é um método de levantamento e recolha de dados utilizado para reunir informações sobre um objeto, enquanto o SIG é um sistema informático composto por software para análise de dados e hardware no qual o software é executado (Ditter, *et al.*,20)12).

1. Um sistema GIS analisa frequentemente dados complicados e transforma grandes

conjuntos de dados em informações mais úteis. A tecnologia de deteção remota é utilizada para recolher os dados, que são depois analisados. Uma vez que a tecnologia de deteção remota é utilizada principalmente como ferramenta de recolha de dados, tem uma interface de utilizador mais complicada do que um sistema GIS. Para compreender a interface, é necessário um conhecimento mais qualificado

são necessários funcionários. Com o SIG, qualquer pessoa pode aprender a analisar as vastas quantidades de dados no sistema graças a uma interface de utilizador mais simples (Ditter, *et al.*,2012).

2. Os sistemas GIS podem avaliar grandes conjuntos de dados com muito menos tempo, dinheiro e recursos, uma vez que são auto-suficientes. Um único indivíduo é capaz de processar enormes volumes de dados para fornecer conhecimentos mais sofisticados sobre um objeto ou fenómeno ao nível da superfície (Ditter, *et al.*, 2012).

3. O sistema GIS lida com enormes volumes de dados de uma só vez e pode permitir infinitas modificações de dados devido à sua capacidade de analisar informações maciças e complicadas ao mesmo tempo. Os dados de deteção remota estão limitados à área específica que está a ser estudada, têm uma capacidade limitada de interpretação dos dados e são também mais susceptíveis a danos (Ditter, *et al.*,2012).

Tendo em conta o que foi dito, a teledeteção pode ser considerada como o motor do SIG. Fornece informações que podemos avaliar utilizando um SIG (Sistema de Informação Geográfica). Uma das muitas formas diferentes de dados que um SIG pode utilizar são as fotografias obtidas por deteção remota. Um SIG pode analisar dados de folhas de cálculo, dados vectoriais e uma variedade de outras fontes de dados.

2.7.3 Etapas da criação de um sistema de informação geográfica (SIG)

As quatro fases de criação de um sistema de informação geográfica (SIG) são a entrada de dados, o armazenamento de dados, a análise e modelação de dados e a saída e apresentação de dados.

i. Introdução de dados: Esta fase envolve a recolha e a introdução de dados espaciais e de atributos no SIG. Os dados espaciais incluem informações sobre a localização de elementos na superfície terrestre, tais como coordenadas, forma e tamanho (Steiniger *et al.,* 2013).

ii. Armazenamento de dados: Nesta fase, os dados são organizados e armazenados numa base de dados optimizada para a análise espacial. A base de dados pode ser um sistema autónomo ou pode ser integrada com outros softwares ou sistemas (Steiniger *et al.,* 2013).

iii. Análise e modelação dos dados: Nesta fase, os dados são analisados e modelados utilizando ferramentas e técnicas fornecidas pelo software SIG. Isto pode incluir análise espacial, análise estatística, mapeamento e outros tipos de análise (Steiniger *et al.,* 2013).

iv. Saída e apresentação dos dados: Na fase final, os resultados da análise e da modelação são apresentados sob a forma de mapas, relatórios e outros tipos de visualizações. Os resultados podem ser partilhados com outras pessoas em vários formatos, como mapas em papel, mapas digitais e mapas baseados na Web (Steiniger *et al.,* 2013).

v. O SIG é uma ferramenta poderosa para organizar, analisar e apresentar dados espaciais. Permite aos utilizadores visualizar, compreender e analisar relações e padrões espaciais complexos, e tomar decisões informadas com base nessa informação (Steiniger *et al.*, 2013).

2.8 Revisão da investigação anterior relacionada

Sherif e Singh (1999) investigaram o possível efeito das alterações climáticas na intrusão de água do mar em aquíferos costeiros. Atualmente, há um debate crescente sobre as alterações climáticas e as suas possíveis consequências. Grande parte do debate tem-se centrado no contexto dos sistemas de águas superficiais. Em muitas zonas áridas do mundo, a precipitação e o escoamento superficial são escassos. Estas zonas dependem fortemente das águas subterrâneas. As consequências das alterações climáticas para as águas subterrâneas são de longo prazo e podem ser de grande alcance. Uma das consequências mais evidentes é o aumento da migração de água salgada para o interior dos aquíferos costeiros. Utilizando dois aquíferos costeiros, um no Egito e outro na Índia, este estudo investigou o efeito das alterações climáticas prováveis na intrusão de água do mar. Em condições de alterações climáticas, o nível da água do mar aumentará por várias razões, incluindo variações nas pressões atmosféricas, expansão de ocasiões e mares mais quentes e fusão de camadas de gelo e glaciares. A subida do nível da água do mar imporá cabeças de água salgada adicionais à beira-mar; por conseguinte, prevê-se uma maior intrusão de água do mar. Foram considerados três cenários realistas que imitam as alterações climáticas. Nestes cenários, o aquífero do Delta do Nilo é considerado mais vulnerável às alterações climáticas e à subida do nível do mar. Uma subida de 50 cm no nível do Mar Mediterrâneo provocará uma intrusão adicional de 9,0 km no aquífero do Delta do Nilo. A mesma subida do nível da água na Baía de Bengala provocará uma intrusão adicional de 0,4 km. A bombagem adicional causará graves efeitos ambientais no caso do aquífero do Delta do Nilo.

Allen et al., (2004) utilizaram o aquífero Grand Forks, localizado no centro-sul da Colúmbia Britânica, Canadá, como área de estudo de caso para modelar a sensibilidade de um aquífero a alterações na recarga e na fase do rio consistentes com os cenários de alterações climáticas projectados para a região. Os resultados sugerem que as variações na recarga do aquífero nos diferentes cenários de alterações climáticas, modelados em condições de estado estacionário, têm um impacto muito menor no sistema de águas subterrâneas do que as alterações na elevação do nível dos rios Kettle e Granby, que atravessam o vale. Todas as simulações mostraram alterações relativamente pequenas na configuração geral do nível freático e na direção geral do fluxo de águas subterrâneas. As simulações de alta e baixa recarga resultaram em aproximadamente um aumento de +0,05 m e uma diminuição de -0,025 m, respetivamente, nas elevações do nível freático em todo o aquífero. As alterações simuladas na elevação do nível do rio, para refletir níveis de caudal superiores ao pico (em 20 e 50%), resultaram em alterações médias na elevação do nível freático de 2,72 e 3,45 m, respetivamente. As alterações simuladas na elevação do nível do rio, para refletir níveis de caudal inferiores aos de base (em 20 e 50%), resultaram em alterações médias na elevação do nível freático de -0,48 e -2,10 m, respetivamente. As actuais elevações do nível freático observadas no vale são consistentes com uma elevação média do nível do rio (entre os níveis actuais de caudal de base e de caudal máximo).

CAPÍTULO 3

3.0 METODOLOGIA

3.1 Área de estudo

A área de estudo escolhida para este projeto é a cidade de Benin, a capital do estado de Edo, situada entre as coordenadas 5 24' 00" E, 6 2' 2.30" N e 546'00"E, 6 0' 00" N, situada na parte sul da Nigéria.

Há 18 governos locais no estado de Edo e a cidade de Benin pode ser considerada como sendo constituída por três. A cidade de Benin tem cerca de 1.356.000 habitantes, de acordo com o último censo populacional realizado (2006).

O território atualmente conhecido como Estado de Edo, com a cidade de Benim como capital, tem uma longa história de civilização. Historiadores e investigadores remontam a sua excitação a tempos pré-históricos. Como uma comunidade unificada e bem organizada. Sob uma autoridade monárquica muito formidável chamada Ogiso. Com uma máquina governamental verbal que representa o poder legislativo, executivo e judicial, com uma forma de controlo e equilíbrio mais ou menos democrática. Com o povo chamado Igodomigodo {Benins} {Edo} como seus habitantes (Chefe Alonge *et al.,* 2001).

O Estado de Edo foi criado a partir do antigo Estado de Bendel em agosto de 1991 27 (Estado de Bendel - Estado de Edo e Delta) pelo então regime do General Ibrahim Babangida.

A sua capital é a cidade de Benin. O Estado de Edo cobre 17.802 quilómetros quadrados na parte sul do país. O Estado de Edo é o lar de várias etnias: Otuo, Bini, Esan, Akoko, Igarra, Ora, Ijo e Afemai. O Estado é conhecido pela sua proficiência no desporto e no atletismo e por uma cultura de edificação intelectual e excelência escolar. O Estado de Edo partilha fronteiras com três outros Estados da federação. É limitado a norte e a leste pelo Estado de Kogi, a oeste pelo Estado de Ondo e a sul pelo Estado de Delta. De um modo geral, é uma zona de baixa altitude, exceto no norte, onde é marcada por colinas onduladas. As principais cidades do Estado são Benim, a capital do antigo reino de Benim, que é também a capital do Estado, Ubiaja, Auchi, Ekpoma e Uromi (ogbeifun *et al.,* 2010). Figura

3.1 apresenta o mapa da zona de estudo.

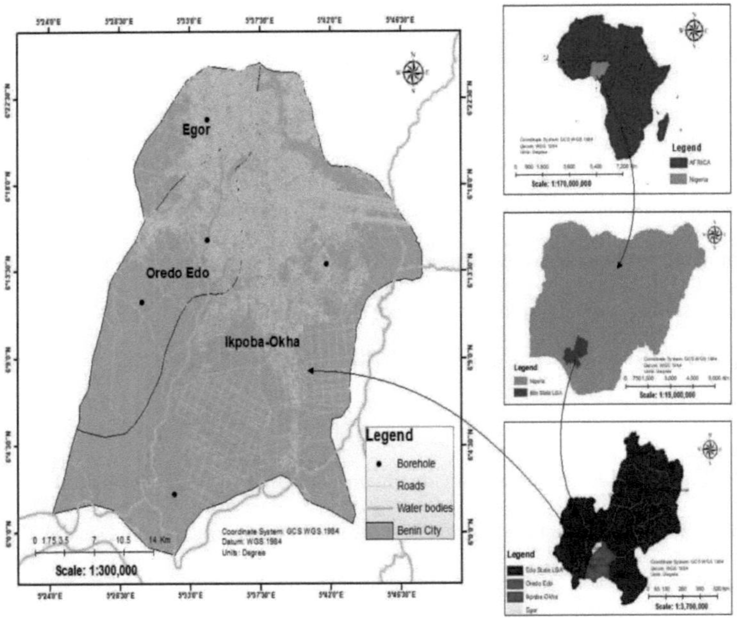

Figura 3.1: Mapa da área de estudo

3.2 Conjuntos de dados e método de aquisição

3.2.1 Aquisição dos objectivos um e dois

1. **Mapa administrativo/localização da área de estudo**

2. **Imagens do Sentinel-2:** O satélite Sentinel-2 foi lançado pela Agência Espacial Europeia (ESA) em 2015 para fornecer dados multiespectrais e de radar de alta resolução para investigação ambiental. O conjunto de dados do Sentinel-2 contém 13 bandas espectrais com resoluções espaciais que variam de 10 a 60 m nas bandas do infravermelho visível e próximo (VNIR) e do infravermelho de ondas curtas (SWIR). O VNIR tem quatro bandas com uma resolução espacial de 10 m (azul, verde, vermelho e infravermelho próximo), enquanto o SWIR tem seis bandas com uma resolução espacial de 20 m (quatro bandas SWIR estreitas e duas bandas SWIR mais largas), mais três bandas com uma resolução espacial de 60 m para aplicações de correção atmosférica (Sadek e Li, 2019). Os produtos Sentinel-2 L1C são georreferenciados para a projeção cartográfica (UTM-WGS 84). As imagens do Sentinel-2 estão acessíveis ao público em Copernicus (scihub.copernicus.eu).

3. **SRTM DEM:** A Shuttle Radar Topography Mission (SRTM) Com uma resolução horizontal de 1 segundo de arco (resolução de 30 m), a SRTM representa os modelos digitais de elevação (DEMs) de melhor qualidade e livremente disponíveis em todo o mundo e pode ser acedida através da Open Topography

4. **Dados hidrológicos:** Inclui dados de precipitação anual multitemporal da Unidade de Investigação do Clima Global (CRU) para monitorização do clima global, bem como dados sobre o solo da Organização para a Alimentação e a Agricultura (FAO) da UNESCO, que foram incorporados no espaço de trabalho do SIG para análise de sobreposição.

3.2.2 Aquisição do objetivo nº 3

1. Dados da sondagem (profundidade e coordenadas)

2. Dados hidrológicos

3. Imagens Landsat

4. SRTM DEM

Tabela 3.1: Lista de alguns furos efectuados antes de 1990 (Fonte: Edo State Urban Water Board, 2023).

Location	LGA	Eastings	Northings	Depth (m)
Iyaro BH1	Oredo	5.6265	6.345	100
Ikpoba hill	Ikpoba okha	5.6524	6.35	127.8
Guinness	Ikpoba okha	5.6659	6.3481	82.5
St.Emma BH1	Ikpoba okha	5.6528	6.2951	106.8
St.Emma BH2	Ikpoba okha	5.6537	6.2986	105.3
St.Emma BH3	Ikpoba okha	5.6562	6.3045	106.6
Iddo textile mill	Oredo	5.6255	6.3438	97.8
Iyaro BH2	Oredo	5.6263	6.3478	104.4
Iyaro BH3	oredo	5.6269	6.347	110.1
Iyaro BH4	Oredo	5.6224	6.344	117
Uselu BH1	Egor	5.6142	6.4088	128.1
Uselu BH2	Egor	5.6102	6.4082	134.1
Uselu BH3	Egor	5.6099	6.4113	136.8
Uselu BH4	Egor	5.6127	6.4056	135.9
Uselu BH5	Egor	5.6183	6.4121	131.7

Tabela 3.2: Lista de alguns furos perfurados entre 2015 e 2020 (Fonte: Edo State Urban Water Board, 2023).

Location	LGA	Eastings	Northings	Depth (m)
Upper sakponba	Ikpoba Okha	5.6835	6.281	59.7
Egor-ogida	Egor	5.5984	6.3617	59.7
Uwasota	Egor	5.6028	6.3798	76.5
Uwelu	Egor	5.588	6.3827	76.5
Aduwawa	Ikpoba Okha	5.681	6.3652	89.1
Ohovbe	Ikpoba Okha	5.6937	6.3507	89.1
Uselu	Egor	5.6141	6.4087	72.3
New Benin	Oredo	5.6315	6.3507	63.9
Okhoro	Oredo	5.6323	6.3688	63.9
Ugbor	Oredo	5.6121	6.2885	46.2
Ekae	Oredo	5.6287	6.2649	46.2
Oko	Oredo	5.6259	6.3211	46.2
Iriri	Oredo	5.5838	6.2858	46.2
Upper lawani	Oredo	5.6381	6.362	34.5
Evbuotubu	Oredo	5.5848	6.3411	51.3

3.3 Fluxograma do método

O método deste projeto envolve a classificação SRTM DEM das massas de água da área de estudo com base nas caraterísticas homogéneas dos dados para mostrar o nível de água usando o software ArcGIS, as imagens de satélite (Sentinel-2) devem então ser usadas para extrair massas de água (Xin e Xu, 2016) com base em dois períodos e o índice de água foi então calculado usando as várias bandas dos dados Sentinel-2, os parâmetros meteorológicos serão descarregados, bem como a profundidade do furo e os dados de rendimento, para aceder ao impacto das alterações climáticas nas águas subterrâneas.

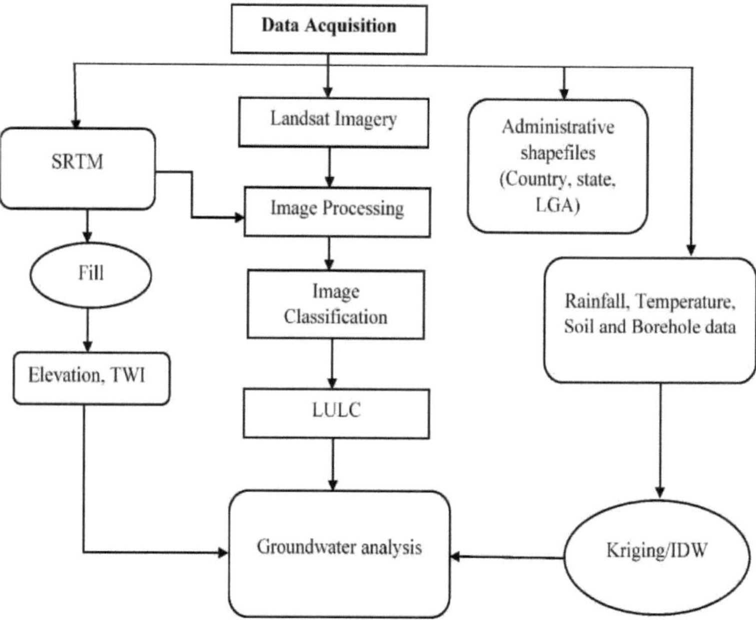

Figura 3.2: Fluxograma dos procedimentos de trabalho

3.3 Aquisição e processamento de imagens

O conjunto de dados de elevação digital da aquisição de imagens da Shuttle Radar Topographical Mission (SRTM) foi retirado da Open Topography, imagens de satélite de deteção remota recolhidas pelo espectrorradiómetro de imagem de resolução moderada (MODIS) do satélite Terra da NASA. O Ministério Federal dos Recursos Hídricos fornecerá as localizações geográficas dos furos selecionados. Outros recursos incluem um mapa administrativo com fronteiras políticas e estradas digitalizadas. Os resultados demonstrarão como os dados de satélite podem detetar e fornecer informações sobre a quantidade de água subterrânea. Outros dados geo-informáticos, tais como a elevação topográfica e os dados hidrológicos, têm de ser combinados para uma estimativa completa da quantidade de água subterrânea.

As diferentes caraterísticas hidrológicas das bacias de drenagem examinadas serão extraídas do modelo digital de elevação (DEM) da Shuttle Radar Topography Mission (SRTM) utilizando o software ArcGIS da ESRI. O método "D-800" incorporado permite a extração dos parâmetros hidrológicos necessários em várias fases, a primeira das quais é a criação de um DEM sem sumidouros.

A direção do fluxo da célula original foi estimada para uma das oito células vizinhas no DEM de sumidouros livres. A hierarquia do gradiente a jusante e a direção do fluxo serão tidas em consideração para estimar a acumulação de fluxo de cada célula. Finalmente, os limites das bacias hidrográficas e as redes de cursos de água nelas existentes serão determinados utilizando os limiares de acumulação de caudal calculados. Depois disso, os limites das bacias hidrográficas e as redes de cursos de água criadas serão comparados com as caraterísticas correspondentes nos dados de satélite para garantir a exatidão.

3.4 Processamento de imagens de satélite

As imagens do satélite Sentinel 2 foram utilizadas para operações de cartografia da utilização/cobertura do solo e de deteção de alterações (com uma projeção cartográfica do datum WGS_ 84). As fotografias foram empilhadas no software ArcGIS antes de serem cortadas e extraídas utilizando a shapefile de fronteira da área de estudo. A função de processamento de imagem mais típica (Spatial Image processing) neste estudo consistiria em quatro passos:

1. Pré-processamento: Antes da análise dos dados principais e da extração de informação, procedeu-se ao pré-processamento. As duas etapas básicas envolvidas no pré-processamento são a correção geométrica e a correção radiométrica ou correção da neblina. As imagens de teledeteção têm aberrações geométricas. Estas distorções podem ser induzidas pelo ponto de vista da ótica do sensor, pelo movimento do sistema de varrimento, pelo movimento da plataforma, pelo relevo do terreno ou por uma combinação destes factores.

2. **Melhoria da imagem:** O Spatial Image Enhancement, que mapeia níveis extremos de brilho para níveis extremos de visualização, foi criado para melhorar os dados visuais. Isto ajuda o analista humano ao tornar a interpretação visual mais simples. As fotografias foram sujeitas à equalização do histograma, que aumenta os valores de visualização (ou intervalos) para as regiões que ocorrem frequentemente no histograma.

3. **Sub-mapeamento de imagens:** Utilizando os ficheiros de forma das LGAs de Egor, Ikpoba-Okha e Oredo que foram derivados dos limites administrativos da área do governo local nigeriano, a região de interesse foi recuperada da imagem de satélite e SRTM. Para o efeito, foi utilizada a ferramenta de recorte do programa ArcGIS.

4. **Classificação de imagens:** A classificação de imagens transforma dados visuais em dados temáticos, servindo um objetivo específico. Na aplicação, as propriedades temáticas de um pixel têm precedência sobre os seus valores de reflexão. As caraterísticas de uso e ocupação do solo foram avaliadas e incluídas em modelos multi-critério. As classes de informação de interesse devem ser identificadas e as suas caraterísticas espácio-temporais devem ser avaliadas tendo em conta um caso específico. Com base nas caraterísticas, foram selecionados dados de imagem adequados. Dependendo do tipo de sensor, das bandas de comprimento de onda pertinentes e da data de captação, é selecionado o conjunto de dados adequado. É possível escolher uma banda antes de começar a trabalhar com os dados obtidos. As bandas correlacionadas fornecem informação duplicada para efeitos de categorização, o que pode interferir com o processo.

A deteção de alterações na utilização/cobertura do solo foi efectuada utilizando a imagem classificada. Para o efeito, foi utilizado o software ArcGIS. Foram criadas "áreas de treino" antes da realização do processo de classificação.

Para completar o processo de classificação, foram dados os seguintes passos:

i. O primeiro passo foi ativar a extensão de análise espacial no ArcGIS. Esta extensão inclui ferramentas e funções para efetuar a análise de dados geográficos.

ii. A abordagem de classificação não supervisionada de iso-clusters foi então utilizada para construir clusters. A classificação não supervisionada é uma técnica em que o software classifica automaticamente pixéis ou caraterísticas comparáveis com base nos atributos dos dados. A abordagem de iso-clusters é um tipo de classificação não supervisionada em que os pixéis ou caraterísticas são agrupados com base em propriedades estatísticas, como a média e o desvio padrão.

iii. Após a geração dos clusters, o passo seguinte consistiu em nomear e escolher cores para cada classe produzida pelos resultados dos iso-clusters. Isto ajuda a distinguir visualmente as diferentes classes no mapa.

A etapa seguinte Identificar e definir numerosas caraterísticas de classe no cenário fez parte do procedimento de categorias de classe. Foram descobertos e especificados cinco grupos de classes neste cenário, utilizando um esquema de categorização de nível 1: Área edificada/terreno nu, corpo de água, vegetação, terreno cultivado e vegetação inundada.

CAPÍTULO 4

4.0 RESULTADOS E DISCUSSÃO

4.1 Análise da precipitação na área de estudo

O Estado de Edo tem um clima tropical húmido e seco ou de savana, que recebe normalmente cerca de 183,49 milímetros (7,22 polegadas) de precipitação e 265,91 mm de dias de chuva (72,85% do tempo) por ano. A Figura 4.1 (a-d) mostra a distribuição da precipitação anual IDW estimada da cidade de Benim de 1990 a 2020, bem como a precipitação futura estimada da cidade de Benim de 2021 a 2040.

A Figura 4.1 (a) mostra a precipitação anual da cidade de Benin de 1991 a 2000, variando de 2.170,56 mm (mais baixa - Uselu) a 2.424,04 mm (mais alta - alguma parte de Ighobaye).

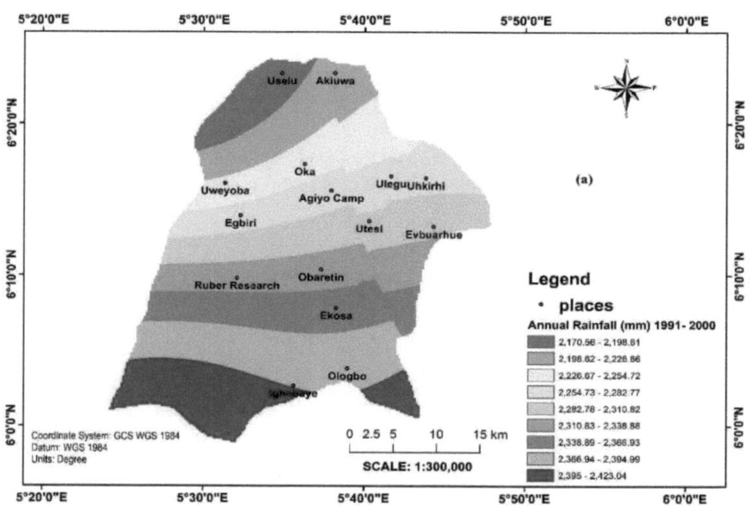

Figura 4.1 (a): Precipitação IDW anual estimada da cidade de Benin de 1991 a 2000.

A Figura 4.1 (b) mostra a precipitação anual de 2001 a 2010, variando de 2.136,89 mm (mais baixa - Uselu e Akiuwa) e 2.447,46 mm (mais alta - ighobaye).

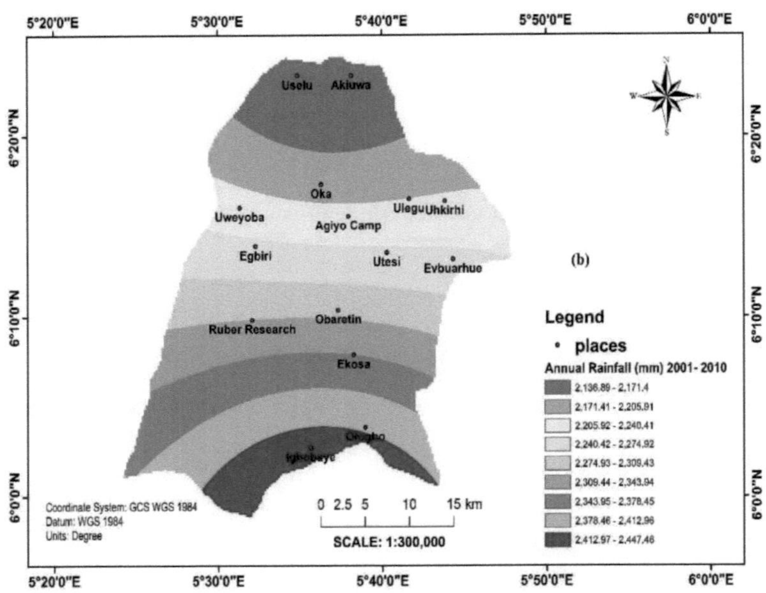

Figura 4.1 (b): Precipitação IDW anual estimada da cidade de Benin de 2001 a 2010.

A Figura 4.1 (c) mostra a precipitação anual da cidade de Benin de 2011 a 2020, variando de 2.100,45 mm (mais baixa - Uselu e Akiuwa) e 2.428,92 mm (mais alta - Ologbo e Ighobaye).

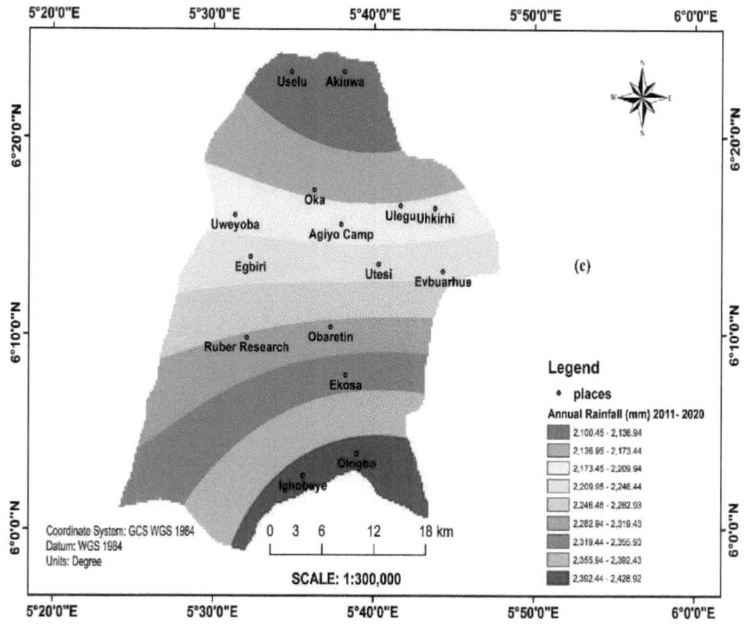

Figura 4.1 (c): Precipitação IDW anual estimada da cidade de Benin de 2011 a 2020

A Figura 4.1 (d) mostra a futura precipitação anual prevista na cidade de Benin de 2020 a 2040, variando entre 12,5 mm (mais baixa - Uselu e Akiuwa) e 20,5 mm (mais alta - Igbobaye).

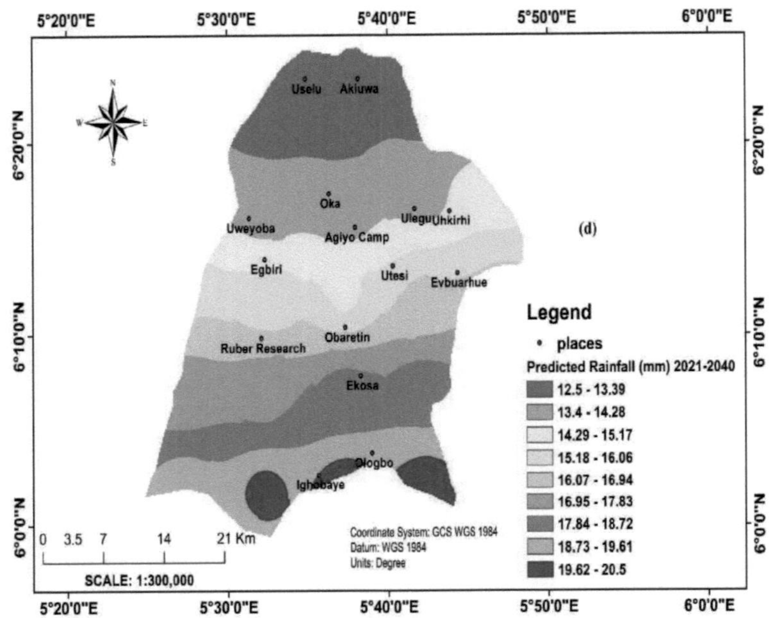

Figura 4.1 (d): Precipitação IDW prevista e estimada para o futuro da cidade de Benin de 2021 a 2040.

4.2 Mapa de solos da área de estudo

A distribuição da textura do solo na área de estudo está representada na Figura 4.2. O mapa mostra a distribuição de várias classes de textura na área de estudo, incluindo solos arenosos, argilosos e argilosos. O solo mais dominante na cidade de Benim, como se pode ver no mapa, é o solo arenoso, o que faz com que a retenção de água seja fraca, aumentando assim a permeabilidade da água e, consequentemente, aumentando o nível das águas subterrâneas e a recarga.

Os tipos de solo indicados no mapa contêm várias composições percentuais.

i. Barro argiloso: argiloso (52%), franco (38%) e arenoso (10%)

ii. Franco arenoso: arenoso (68%), franco (19) e argiloso (13%)

iii. Franco-argiloso arenoso: arenoso (52%), argiloso (25%) e franco (23%)

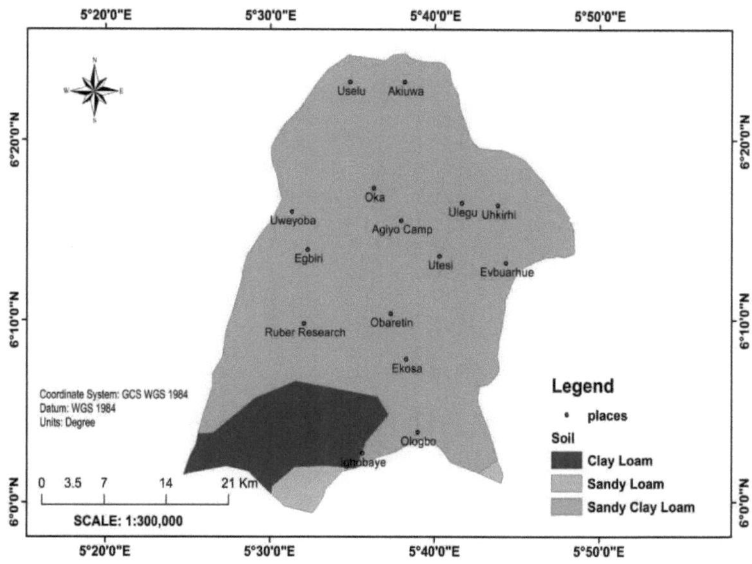

Figura 4.2: Mapa do solo da cidade de Benim

4.3 Análise da temperatura da área de estudo

Edo tem um clima tropical húmido e seco ou de savana. A temperatura anual da cidade é de 28,78°C (83,8°F) e é -0,68% mais baixa do que a média da Nigéria. A Figura 4.3 mostra a temperatura média de 1990 a 2020, bem como a temperatura mínima e máxima prevista para o período de 2021 a 2040.

A Figura 4.3 (a) mostra a temperatura média da cidade de Benin de 1990 a 2020, com temperaturas variando entre 26C' e 26,20C. Portanto, uma temperatura anual de 0,20C' foi classificada em 9 segmentos, com o mais baixo (26C-quente) e o mais alto (26,20C-quente).

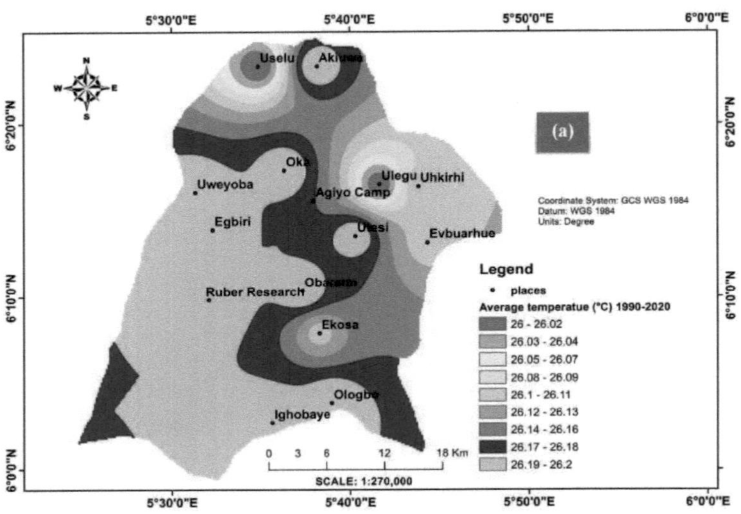

Figura 4.3 (a): Mapa da temperatura média mensal da cidade de Benim de 1990 a 2020.

A Figura 4.3 (b) mostra a previsão da temperatura mínima futura de 2021-2040, variando de 23,1° C a 23,3° C, que são separados em 9 segmentos. Em comparação com o mapa histórico, alguns locais registarão temperaturas mais elevadas.

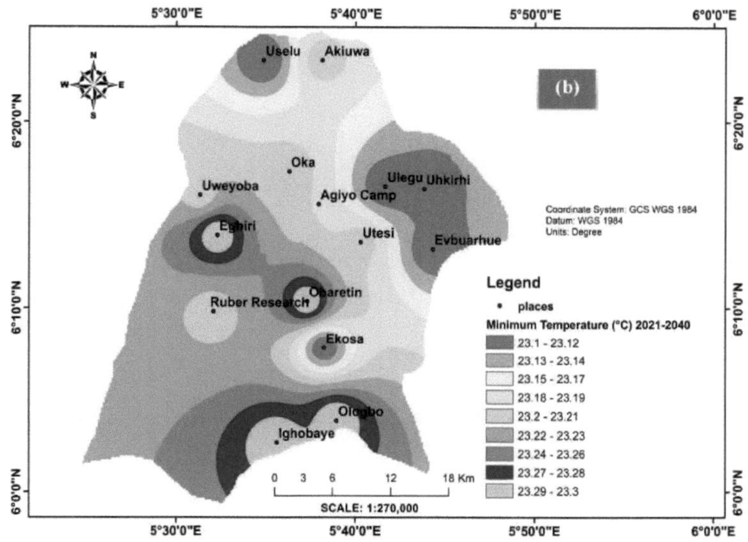

Figura 4.3 (b): Mapa da temperatura mínima prevista para a cidade de Benim de 2021 a 2040.

A Figura 4.3 (c) mostra a futura temperatura máxima anual prevista para a cidade de Benin, variando de 31,73° C (quente) a 31,89° C (muito quente), que são separados em 9 segmentos.

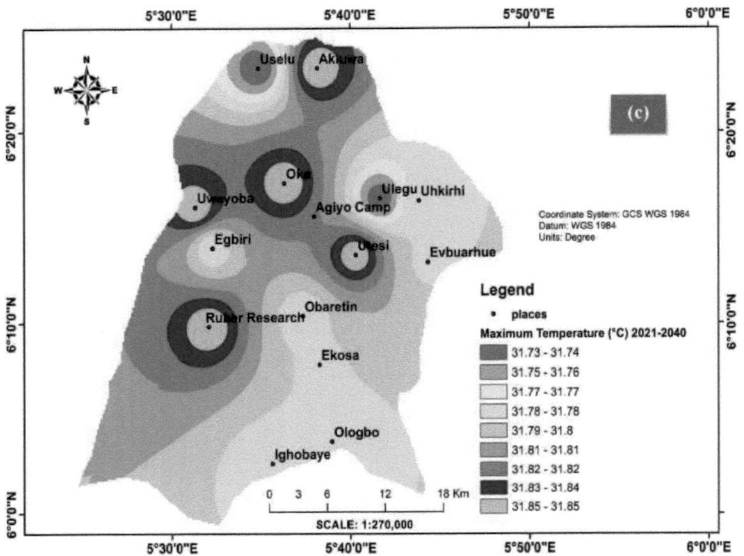

Figura 4.3 (c): Mapa de temperaturas máximas previstas para o futuro, de 2021 a 2040.

4.4 Uso do solo Análise da cobertura vegetal da área de estudo

O impacto do clima nas águas subterrâneas pode ser avaliado utilizando o LANDUSE LANDCOVER (LULC), a figura 4.4 mostra a classificação supervisionada do Land use Landcover para o ano 2020 e a distribuição das caraterísticas LULC, tais como:

i. Povoação: inclui maioritariamente escritórios, casas, hotéis, bares e restaurantes, com muito poucos terrenos baldios

ii. Vegetação inundada: Área coberta de água ou que retém água devido a inundações anteriores ou a precipitação excessiva.

iii. Vegetação: Áreas cobertas por árvores, arbustos espessos ou apenas gramíneas

iv. Terras de cultivo: Áreas designadas principalmente para a agricultura, seja comercial ou de subsistência.

v. Solo nu (Edificado): Áreas não cobertas por vegetação mas com edifícios residenciais ou comerciais com muitos espaços livres.

vi. Massa de água: Áreas permanentemente cobertas por água.

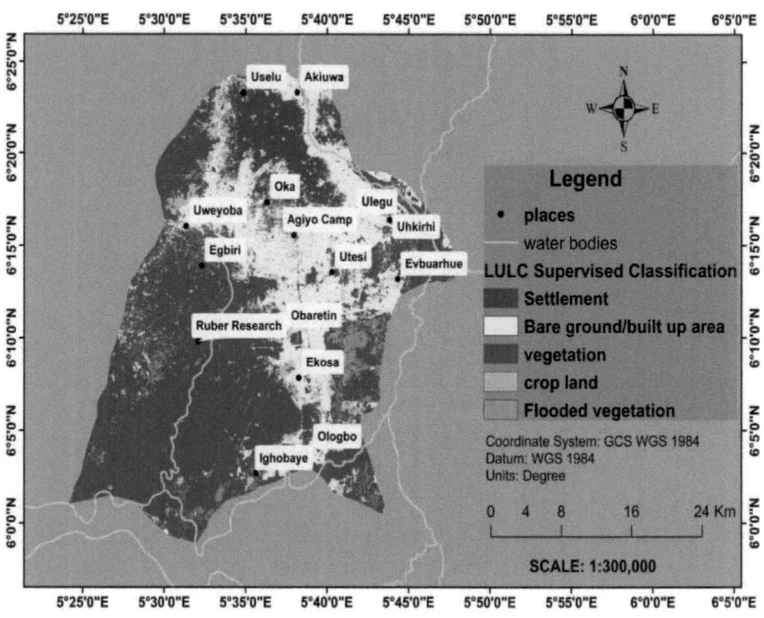

Figura 4.4: Classificação supervisionada do uso do solo da cidade de Benin

4.5 Análise das águas subterrâneas da área de estudo

A relação entre o clima e as águas subterrâneas pode ser observada através de alterações nos níveis de água subterrânea e na quantidade de água extraída dos poços. A Figura 4.5 (a) e (b) mostra o mapa do lençol freático da área de estudo.

A Figura 4.5 (a) mostra a profundidade das águas subterrâneas da cidade de Benin antes de 1990, usando a profundidade dos furos nesse período, que varia de 82,52m (alta) a 136,80m (profunda).

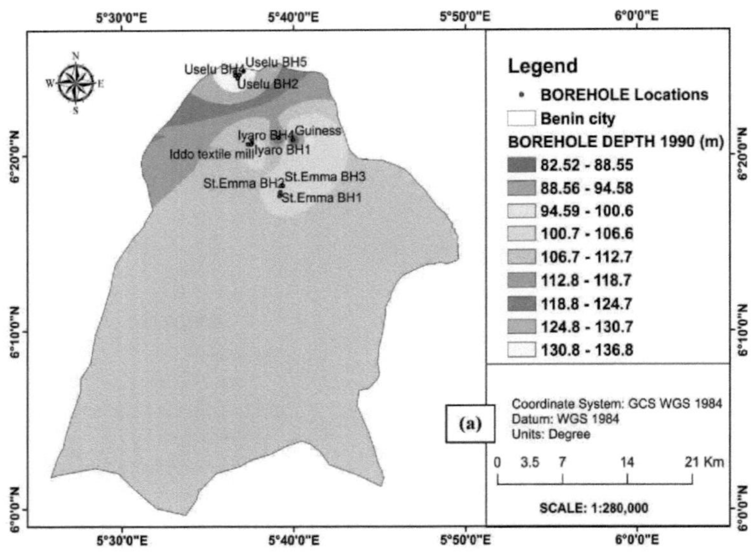

Figura 4.5(a): Mapa do lençol freático da cidade de Benin em 1990.

A Figura 4.5 (b) mostra a profundidade das águas subterrâneas da cidade de Benin entre 2015 e 2020, usando a profundidade dos furos nesse período, que varia de 34,51m (alta) a 89,10m (profunda).

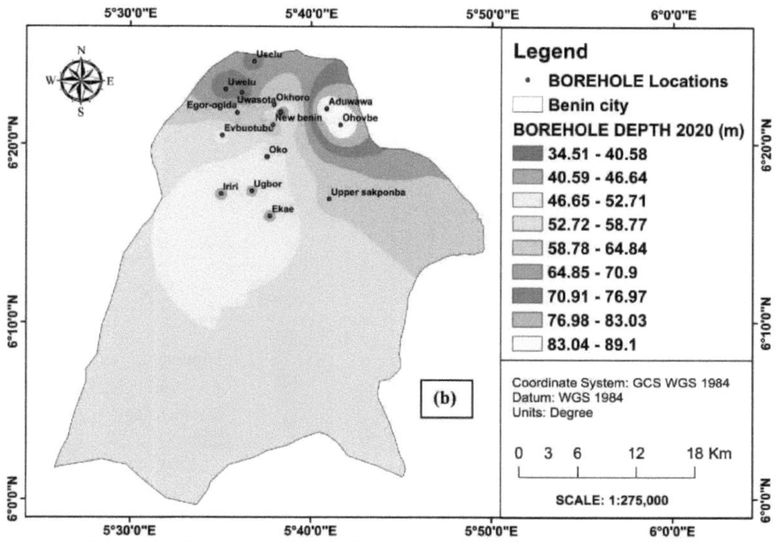

Figura 4.5 (b): Mapa do lençol freático da cidade de Benin em 2020.

4.6 Outros parâmetros utilizados para aceder à quantidade de água subterrânea

4.6.1 Análise de elevação da área de estudo

A Figura 4.6 mostra a elevação da cidade de Benin em metros, variando de -2m (potencial zona húmida - mais baixa) a 129m (mais alta - Uselu). Devido à elevação de alguns locais como Uselu, a temperatura será moderada e a profundidade das águas subterrâneas será profunda.

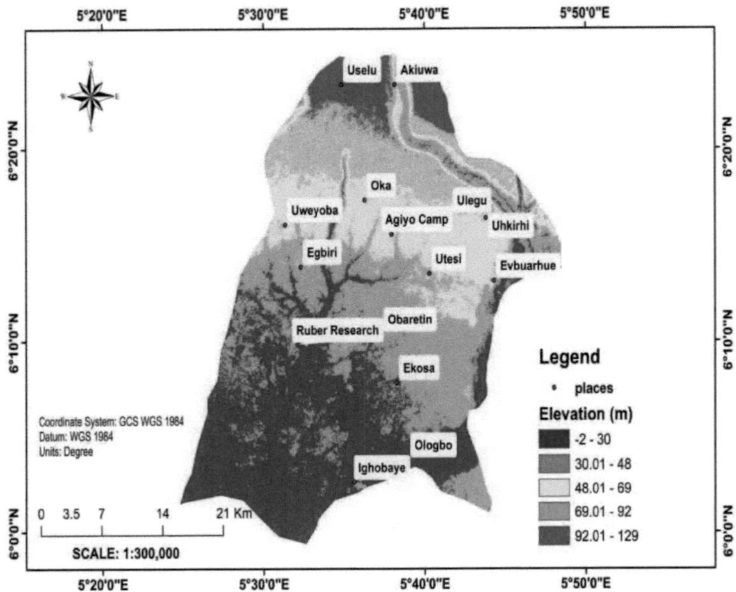

Figura 4.6: Mapa de elevação da cidade de Benin.

4.6.2 Análise do índice de humidade topográfico da área de estudo

A Figura 4.7 mostra o Índice de Humidade Topográfico da cidade de Benim, que varia entre valores negativos e valores positivos. Os valores mais elevados indicam áreas com potencial de humidade e os valores mais baixos indicam áreas mais secas.

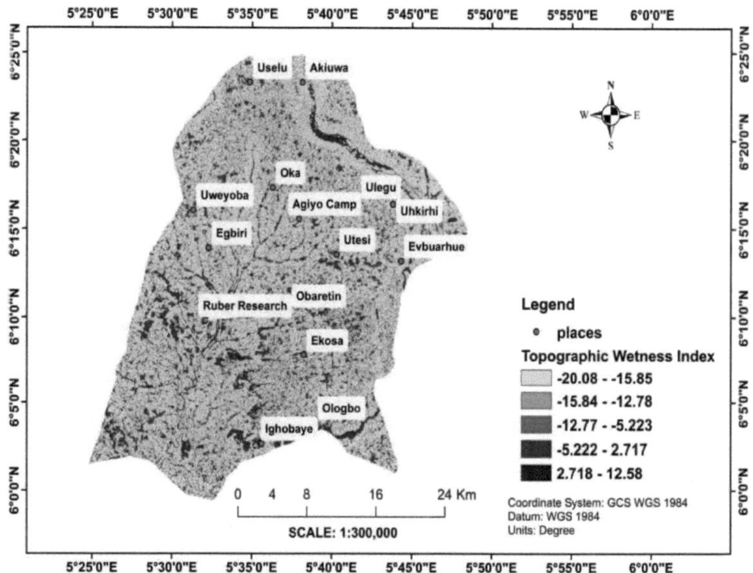

Figura 4.7: Mapa topográfico do índice de humidade da cidade de Benim.

4.7 Efeitos das alterações climáticas e outras questões sobre as águas subterrâneas na área de estudo

Prevê-se que as alterações climáticas tenham um impacto significativo nos recursos hídricos subterrâneos em todo o mundo. As águas subterrâneas referem-se à água que é armazenada sob a superfície da Terra em aquíferos, que são camadas subterrâneas de rocha permeável, solo ou sedimentos que podem reter e transmitir água. As alterações nos padrões de temperatura e precipitação, bem como a subida do nível do mar, são susceptíveis de afetar a quantidade e a qualidade das águas subterrâneas. De seguida, apresentam-se algumas aplicações do resultado:

i. Esgotamento das águas subterrâneas: À medida que as temperaturas sobem e os padrões de precipitação mudam, as taxas de recarga das águas subterrâneas podem ser afectadas. A redução da quantidade de neve, a alteração dos padrões de precipitação e o aumento da evaporação podem levar à diminuição da recarga dos aquíferos, resultando no esgotamento das águas subterrâneas. Isto pode afetar a disponibilidade de água para a agricultura, indústria e uso doméstico.

ii. Intrusão de água salgada: A subida do nível do mar devido às alterações climáticas pode levar à intrusão de água salgada nos aquíferos costeiros. Esta situação pode tornar as reservas de água subterrânea impróprias para consumo e prejudicar a agricultura, afectando as comunidades e economias costeiras.

iii. Impacto no ecossistema: As alterações nos níveis das águas subterrâneas podem perturbar as zonas húmidas, as nascentes e outros ecossistemas dependentes das águas subterrâneas. Isto pode afetar as espécies vegetais e animais que dependem destes habitats, conduzindo potencialmente a alterações na biodiversidade e nos serviços dos ecossistemas.

iv. Saúde humana: A alteração dos padrões de fluxo das águas subterrâneas pode influenciar a distribuição de contaminantes e poluentes na subsuperfície. As alterações na química e na qualidade das águas subterrâneas podem afetar as fontes de água potável, conduzindo a potenciais riscos para a saúde humana.

v. Subsidência: A bombagem excessiva de águas subterrâneas, associada à alteração das condições hidrológicas, pode resultar na subsidência dos solos. Esta situação pode danificar as infra-estruturas, perturbar os ecossistemas e aumentar os riscos de inundação.

vi. Agricultura e segurança alimentar: As alterações na disponibilidade das águas subterrâneas podem afetar a irrigação, que é crucial para a agricultura. A diminuição dos níveis de água subterrânea pode levar à redução do rendimento das colheitas e a problemas de segurança alimentar.

vii. Escassez de água: As variações da precipitação induzidas pelas alterações climáticas podem agravar os problemas de escassez de água. A redução da recarga das águas subterrâneas, combinada com a alteração da disponibilidade de águas superficiais, pode levar a uma escassez de água mais frequente e grave em determinadas regiões.

viii. Recarga gerida de aquíferos: Para mitigar o esgotamento das águas subterrâneas, podem ser utilizadas técnicas de recarga gerida de aquíferos (MAR). Estas envolvem a infiltração intencional do excesso de água superficial durante os períodos húmidos nos aquíferos para utilização posterior durante os períodos secos, ajudando a estabilizar os níveis de água subterrânea.

ix. Mudanças nas Políticas e na Gestão: Os impactos projectados nas águas subterrâneas podem informar os decisores políticos e os gestores de recursos hídricos sobre a importância de estratégias de gestão sustentável da água. Estas podem incluir regulamentos sobre a extração de água subterrânea, melhor monitorização e modelação e o desenvolvimento de planos de gestão adaptativos.

x. Planeamento de infra-estruturas: As alterações previstas na disponibilidade de água subterrânea podem influenciar o planeamento de infra-estruturas, tais como a conceção e localização de poços, instalações de tratamento de água e sistemas de eliminação de águas residuais.

xi. Implicações sociais e económicas: As águas subterrâneas desempenham um papel significativo no apoio aos meios de subsistência rurais e às indústrias de pequena escala. Os impactos das alterações climáticas nas águas subterrâneas podem ter efeitos em cascata nas economias e comunidades locais.

Em resumo, os impactos previstos das alterações climáticas nas águas subterrâneas sublinham a necessidade crítica de estratégias integradas e adaptativas de gestão dos recursos hídricos que considerem factores ecológicos, sociais e económicos. É essencial monitorizar os níveis das águas subterrâneas, estudar os padrões hidrológicos e implementar práticas sustentáveis para mitigar potenciais efeitos adversos.

CAPÍTULO 5

5.0 CONCLUSÃO E RECOMENDAÇÃO

5.1 Conclusão

Este estudo teve como objetivo investigar o efeito das alterações climáticas nos recursos hídricos subterrâneos da cidade de Benin, utilizando técnicas de deteção remota e SIG. Os objectivos eram adquirir dados e analisar parâmetros climáticos, prever parâmetros climáticos futuros e produzir um mapa do lençol freático utilizando as profundidades dos furos entre 1990 e 2020 para determinar a taxa de recarga e o esgotamento das águas subterrâneas na área.

Para atingir estes objectivos, foram utilizados um mapa de elevação, um mapa de ocupação do solo e um mapa topográfico do índice de humidade. De acordo com o resultado do mapa de elevação, as águas superficiais deslocam-se de norte (Uselu) para sul (Ologbo), ao passo que, de acordo com o mapa do lençol freático, as águas sub-superficiais deslocam-se de oeste (novo Benin) para leste (Aduwawa).

De acordo com o mapa do índice de humidade topográfico, os locais com valores mais elevados retêm e absorvem mais água no solo, compreendendo assim as zonas de potencial de água subterrânea.

De acordo com o mapa de ocupação do solo, os aglomerados populacionais ou as áreas construídas consumirão mais água subterrânea, reduzindo assim a água subterrânea se não houver recursos de recarga adequados, como a precipitação. Por outro lado, os locais com vegetação inundada serão ricos em quantidade de água subterrânea, desde que os parâmetros climáticos sejam favoráveis.

Este estudo foi capaz de demonstrar a utilidade das tecnologias de Deteção Remota e SIG na categorização e localização de regiões dentro da área de estudo com aquíferos altos, moderados e baixos. Em suma, a compreensão, monitorização, caraterização e gestão de aquíferos distintos requer uma estratégia integrada que integre dados de entrada provenientes de múltiplas metodologias diversas/diferentes. A coordenação a todos os níveis é vital para garantir o funcionamento sem problemas de todo o sistema envolvido, bem como uma excelente cooperação. Os dados cartográficos digitais em grande escala com informações específicas sobre uma catástrofe também devem ser disponibilizados às organizações de gestão da água/ambientais para que possam ser oferecidas soluções eficazes e potenciais.

Há três factores principais que afectam o impacto das alterações climáticas nas águas subterrâneas, de acordo com a investigação histórica:

1. Precipitação: Constitui cerca de 60% da recarga das águas subterrâneas. As alterações nos padrões de precipitação afectam a recarga dos aquíferos, causando potencialmente o esgotamento das águas subterrâneas e o abaixamento dos lençóis freáticos.

2. Temperatura: Constitui cerca de 30% da recarga das águas subterrâneas. As temperaturas mais quentes podem aumentar as taxas de evaporação do solo e das massas de água superficiais. À medida que mais água se evapora, menos água se infiltra no solo para reabastecer os aquíferos.

3. Evapotranspiração: Esta constitui apenas cerca de 10% da recarga da água subterrânea. Quando as taxas de evapotranspiração são elevadas, perde-se mais água para a atmosfera e há menos água disponível para permear a terra e recarregar o aquífero subterrâneo.

5.2 Recomendação

Eis algumas medidas eficazes para atenuar o esgotamento das águas subterrâneas face aos desafios climáticos:

1. **Promover a conservação e a eficiência da água**:

i. Sensibilizar o público para a conservação da água através de campanhas educativas.

ii. Incentivar a utilização responsável da água nas habitações, nas indústrias e na agricultura.

iii. Implementar técnicas de irrigação eficientes, como a irrigação gota a gota e a agricultura de precisão, para minimizar o desperdício de água.

2. **Implementar práticas agrícolas sustentáveis**:

i. Adotar variedades de culturas resistentes à seca e eficientes em termos de água.

ii. Praticar a rotação de culturas e as culturas de cobertura para melhorar a saúde do solo e reduzir a procura de água.

iii. Implementar sistemas agro-florestais e agrícolas integrados que aumentem a retenção de água.

3. **Melhorar a recolha de águas pluviais**:

i. Instalar sistemas de recolha de águas pluviais em habitações, instituições e zonas industriais.

ii. Recolher e armazenar a água da chuva para utilizações não potáveis, como a irrigação e a descarga de sanitas.

4. **Investir na Recarga Artificial**:

   i. Desenvolver e aplicar métodos de recarga artificial para reabastecer os aquíferos, tais como poços de recarga, lagoas de percolação e poços de injeção.

   ii. Captar o excesso de água da chuva e canalizá-la de volta para os aquíferos.

5. **Promover o planeamento sustentável da utilização dos solos**:

   i. Aplicar regulamentos para evitar a expansão urbana excessiva e a sobre-exploração dos solos.

   ii. Preservar e restaurar as paisagens naturais que contribuem para a recarga das águas subterrâneas, como as zonas húmidas e as florestas.

6. **Aplicar a tarifação e a regulamentação da água**:

   i. Aplicar preços justos e realistas para a utilização das águas subterrâneas, a fim de desencorajar a extração excessiva.

   ii. Aplicar regulamentos sobre a extração de águas subterrâneas para garantir uma utilização sustentável.

7. **Desenvolver infra-estruturas resistentes ao clima**:

   i. Construir infra-estruturas que tenham em conta a alteração dos padrões climáticos, reduzindo o risco de contaminação e esgotamento.

   ii. Considerar soluções de infra-estruturas verdes, como pavimentos permeáveis e jardins de chuva, para promover a recarga das águas subterrâneas.

8. **Melhorar a monitorização e a modelação dos dados**:

   i. Investir em redes de monitorização das águas subterrâneas para acompanhar os níveis e as tendências das águas subterrâneas.

   ii. Utilizar ferramentas avançadas de modelação para simular o comportamento das águas subterrâneas em diferentes cenários climáticos e ajudar na tomada de decisões.

REFERÊNCIAS

Abbas Abdullah (2016), Implications of climate change on crop water requirements in arid region: An example of Al-Jouf, Saudi Arabia, sourced from (https://sciencedirect.com)

Allen, D. M., Mackie, D. C., Wei, M. (2004), Groundwater and climate change: a sensitivity analysis for the Grand Forks aquifer, southern British Columbia, Canada, Hydrogeology Journal, Vol. 12, 270-290.

Allison M. Howard, Nathan Nibbelink, Sergio Bernardes, Dorothy M. Fragaszy, Marguerite Madden. Sensoriamento remoto e mapeamento de habitat para macacos-prego barbudos (Sapajus libidinosus): paisagens para o uso de ferramentas de pedra. *Journal of Applied Remote Sensing,* 2015; 9 (1): 096020 DOI: 10.1117/1.JRS.9.096020

Allen, D. M., & Mackie, D. C. (2008). Águas subterrâneas e alterações climáticas: A sensitivity analysis for the Grand Forks aquifer, southern British Columbia, Canada. Hydrogeology Journal, 16(1), 175-189.

Andy Impacts, Adaptation, and Vulnerability. Contribuição do Grupo de Trabalho II para o Quinto Relatório de Avaliação do IPCC: Painel Intergovernamental sobre Alterações Climáticas da Australásia.

Bouraoui, F., Vachaud, G., Li, L. Z. X., Le Treut, H., Chen, T. (1999), Evaluation of the impact of climate changes on water storage and groundwater recharge at the watershed scale, Climate Dynamics, Vol. 15, 153-161.

Brouyere, S., Carabin, G., Dassargues, A. (2004), Climate change impacts on groundwater resources: modeled deficits in a chalky aquifer, Geer basin,

Belgium, Hydrogeology Journal, Vol. 12, 123-134.

Chief S.O. Alonge - The Early Years (História do Reino do Benim, 2001)

Alterações climáticas e águas subterrâneas. (2019). Associação Internacional de Hidrogeólogos. Recuperado de https://iah.org/news/newsitems/climate-change-and-groundwater

Edo State Urban Water Board (2007). Ministério Federal dos Recursos Hídricos (2000a), Política Nacional de Abastecimento de Água e Saneamento, Ministério Federal dos Recursos Hídricos, Abuja. Departamento Federal de Meteorologia, Abuja (2005). Manual Borehole Drillers, (2007).

Erah P, Akujieze C, Oteze G. A qualidade das águas subterrâneas na cidade de Benim. Med. Edu. Resource in Africa. 2003; 4: 8-14.

Fetter, C. W. "Applied hydrogeology." Pearson Education, 2001.

F Henriet, C Herweijer, S Pohit, J Corfee-Morlot - Alterações climáticas, 2011 Uma avaliação do potencial impacto das alterações climáticas no risco de inundações em Bombaim

Gleeson, T., Wada, Y., Bierkens, M. F. P., & van Beek, L. P. H. (2012). Water balance of global aquifers revealed by groundwater footprint. Nature, 488(7410), 197-200.

Gower, S.T., Norman, J.M., 1991. Estimativa rápida do Índice de Área Foliar em plantações de coníferas e de folhosas. Ecology 72, 1896-1900. http://dx.doi.org/10.2307/1940988.

Holman, I. P. (2006), Climate change impacts on groundwater recharge - uncertainty, shortcomings, and the way forward? Hydrogeology Journal, Vol. 14, pp. 637-

647.

IPCC (1995), Report of Working Group I of the Intergovernmental Panel on Climate Change, Organização Meteorológica Mundial, Programa das Nações Unidas para o Ambiente, Genebra.

IPCC (2001), In Houghton, J. T., Ding, Y., Griggs, D. J., Noguer, M., van der Linden, P. J., Dai, X., Maskell, K., Johnson, C.A. (Eds.), Climate Change 2001: The Scientific Basis, Contributions of Working Group 1 to the Third Assessment Report of the Intergovernmental Panel on Climate Change, Cambridge University Press, Cambridge, UK.

IPCC (2007), In Solomon, S., Qin, D., Manning, M., Chen, Z., Marquis, M., Averyt, K. B., Tignor, M., Miller, H. L. (eds.), 2007. Climate Change 2007: The Physical Science Basis. Contribuição do Grupo de Trabalho I para o Quarto Relatório de Avaliação do Painel Intergovernamental sobre as Alterações Climáticas, Cambridge University Press, Cambridge, Reino Unido e Nova Iorque, NY, EUA, 966 p.

Khatami, S., & Khazaei, B. (2014). Benefícios da aplicação do SIG na modelação hidrológica: Um breve resumo. VATTEN-Journal of Water Management and Research, 70(1), 41-49.

Kumar, C. P. (2012). Alterações climáticas e o seu impacto nos recursos hídricos subterrâneos. Revista Internacional de Engenharia e Ciência, 1(5), 43-60.

MacDonald, A. M., Bonsor, H. C., Dochartaigh, B. É. Ó. & Taylor, R. G. 2012 Mapas quantitativos dos recursos hídricos subterrâneos em África Environmental Research Letters 7 (2). https://doi.org/10.1088/1748-9326/7/2/024009.

MacDonald, A. M., Taylor, R. G. & Bonsor, H. C. 2013 Águas subterrâneas em África: existe água suficiente para apoiar a intensificação da agricultura a partir de "Land grabs"? In: Handbook of Land and Water Grabs: Investimento Direto Estrangeiro e Segurança Alimentar e da Água. pp. 1
9 .

MacDonald, D. M. J. & Edmunds, W. M. 2014 Estimativa da recarga de águas subterrâneas em aquíferos subterrâneos intemperizados, sul do Zimbabué; uma abordagem geoquímica. Applied Geochemistry 42, 8 (6) - 100. https://doi.org/10.1016/_j.apgeochem.2014.01.003.

McGill, B.M., Altchenko, Y., Hamilton, S.K. et al. Interações complexas entre as alterações climáticas, o saneamento e a qualidade das águas subterrâneas: um estudo de caso de Ramotswa, Botsuana. Hydrogeol J 27, 997-1015 (2019). https://doi.org/10.1007/s10040-018-1901-4

Michael Ritter (24-12-2008). "Clima Subtropical Húmido". Universidade de Wisconsin-Stevens Point. Arquivado do original em 2008-10-14. https://web.archive.org/web/20081014093644/http://www.uwsp.edu/geo/facult y/ritter/ geog101/textbook/climate_systems/humid_subtropical.html. Recuperado em 2008-03-16.

M. Sadek e X. Li, "Solução de baixo custo para avaliação dos impactos de inundações urbanas usando imagens de satélite sentinela-2 e processo de hierarquia analítica difusa: um estudo de caso da cidade de Ras Ghareb, Egito", Avanços em Engenharia Civil, vol. 2019, Artigo ID 2561215, 15 páginas, 2019.

Conselho Nacional de Investigação. "Avaliação da vulnerabilidade das águas subterrâneas: Predicting relative contamination potential under conditions of uncertainty". National Academies Press, 1993.

Nikhil Gaur,2022 (autor), https://study.com/learn/lesson/groundwater-movement-factors- influences.

Ogbeifun, D. & Archibong, Ukeme & Chiedu, I. & Ikpe, Edidiong. (2019). Avaliação da qualidade da água de furos em áreas selecionadas na cidade de Benin, estado de Edo, Nigéria. Chemical Science International Journal. 1-13. 10.9734/CSJI/2019/v28i230133.

Olorunfemi, M. & Ojo, J. & Akintunde, O.M. (1999). Avaliação hidro-geofísica dos potenciais das águas subterrâneas da Metrópole de Akure, Sudoeste da Nigéria. 35. 207-228.

Philip. M. Nyenje e Okke Batelaan Direitos de autor © 2009 IAHS Press 726

Salvadore, E., Bronders, J., & Batelaan, O. (2015). Modelação hidrológica de bacias hidrográficas urbanizadas: A review and future diretions. Journal of hydrology, 529, 62-81.

Steiniger, Stefan & Hunter, Andrew. (2013). The 2012 Free and Open Source GIS Software Map - A Guide to Facilitate Research, Development, and Adoption. Computadores, Meio Ambiente e Sistemas Urbanos. 39. 10.1016/j.compenvurbsys.2012.10.003.

Taylor, R. G., Scanlon, B., Doll, P., Rodell, M., van Beek, R., Wada, Y., ... & Famiglietti, J. S. (2013). Águas subterrâneas e alterações climáticas. Nature Climate Change, 3(4), 322-329.

Taylor B. (1997), Climate change scenarios for British Columbia and Yukon, in Taylor E, Taylor B. (eds), Responding to global climate change in British Columbia and Yukon, Volume I of the Canada country study: climate impacts and adaptation, Environment Canada and BC Ministry of Environment, Lands and Parks.

Todd, David Keith. "Groundwater hydrology". John Wiley & Sons, 2005.

OMS (1996), Guidelines for drinking water quality, 2ª Ed., Organização Mundial de Saúde, Genebra, pp. 319 - 320.

Organização Mundial de Saúde. Fonte: (https//:who.int).

Xie, Huan & Luo, Xin & Xu, Xiong & Haiyan, Pan & Tong, Xiaohua. (2016). Avaliação das imagens Landsat 8 OLI para a extração não supervisionada de águas interiores. Revista Internacional de Sensoriamento Remoto. 37. 1826-1844. 10.1080/01431161.2016.1168948.

APÊNDICES

Apêndices (A): Tabela que mostra o mapa da temperatura média da cidade de Benim de 1990 a 2020.

OBJECTID	**selected places**	**X**	**Y**	**Average Temperature (°C)**
1	0	5.632535	6.259369	26.2
2	1	5.671558	6.225819	26.1
3	2	5.637769	6.13064	26.2
4	3	5.622065	6.172757	26.2
5	4	5.534739	6.163477	26.2
6	5	5.593749	6.044742	26.2
7	6	5.649429	6.064015	26.2
8	7	5.538308	6.231767	26.2
9	8	5.5222	6.267451	26.2
10	9	5.604933	6.288637	26.2
11	10	5.635866	6.388574	26
12	11	5.5809	6.388574	26
13	12	5.694163	6.275312	26.1
14	13	5.73033	6.27317	26.1
15	14	5.738658	6.219632	26.1

Apêndices (B): Tabela que mostra o mapa da temperatura mínima prevista para a cidade de Benim de 2021 a 2040.

OBJECTID	**places**	**X**	**Y**	**Average_Min_Temperature (°C)**
1	0	5.63253454	6.25936921	23.2
2	1	5.6715577	6.225818809	23.1
3	2	5.63776935	6.130640369	23.3
4	3	5.62206491	6.172756829	23.2
5	4	5.53473869	6.163476931	23.3
6	5	5.59374932	6.044741827	23.3
7	6	5.64942871	6.064015461	23.3
8	7	5.53830788	6.231767462	23.2
9	8	5.52219986	6.267451114	23.2
10	9	5.60493279	6.28863658	23.2
11	10	5.63586578	6.388573942	23.1
12	11	5.58090023	6.388573942	23.1
13	12	5.69416258	6.275311598	23.1
14	13	5.73033038	6.273170083	23.1
15	14	5.7386585	6.219632211	23.1

Apêndices (C): Mapa de temperaturas máximas previstas para o futuro, de 2021 a 2040.

OBJECTID	places	X	Y	max_temp
1	0	5.632534537	6.25936921	31.85
2	1	5.671557698	6.22581881	31.78
3	2	5.637769351	6.13064037	31.77
4	3	5.622064909	6.17275683	31.85
5	4	5.53473869	6.16347693	31.77
6	5	5.593749323	6.04474183	31.77
7	6	5.64942871	6.06401546	31.77
8	7	5.538307881	6.23176746	31.85
9	8	5.522199855	6.26745111	31.85
10	9	5.604932789	6.28863658	31.85
11	10	5.635865783	6.38857394	31.73
12	11	5.580900233	6.38857394	31.73
13	12	5.694162577	6.2753116	31.78
14	13	5.730330384	6.27317008	31.78
15	14	5.738658498	6.21963221	31.78

Printed by Books on Demand GmbH, Norderstedt / Germany